# 清善化皮氏本孝經鄭注疏

漢　鄭玄注　清　皮錫瑞疏

天津圖書館藏清光緒二十一年善化皮氏刻《師伏堂叢書》本

山東人民出版社·濟南

圖書在版編目（CIP）數據

清善化皮氏本孝經鄭注疏 /（漢）鄭玄注；（清）皮錫瑞疏 .— 濟南：山東人民出版社，2024.3
（儒典）
ISBN 978-7-209-14270-0

Ⅰ.①清… Ⅱ.①鄭… ②皮… Ⅲ.①《孝經》- 注釋 Ⅳ.① B823.1

中國國家版本館 CIP 數據核字（2024）第 036308 號

項目統籌：胡長青
責任編輯：劉一星
裝幀設計：武　斌
項目完成：文化藝術編輯室

清善化皮氏本孝經鄭注疏
〔漢〕鄭玄注 〔清〕皮錫瑞疏

主管單位　山東出版傳媒股份有限公司
出版發行　山東人民出版社
出 版 人　胡長青
社　　址　濟南市市中區舜耕路517號
郵　　編　250003
電　　話　總編室（0531）82098914
　　　　　市場部（0531）82098027
網　　址　http://www.sd-book.com.cn
印　　裝　山東華立印務有限公司
經　　銷　新華書店

規　　格　16開（160mm×240mm）
印　　張　9.75
字　　數　78千字
版　　次　2024年3月第1版
印　　次　2024年3月第1次
ISBN　978-7-209-14270-0
定　　價　24.00圓

#《儒典》選刊工作團隊

學術顧問　杜澤遜　李振聚　徐　泳

項目統籌　胡長青

責任編輯　劉　晨　劉嬌嬌　張艷艷

呂士遠　趙　菲　劉一星

# 《儒典》選刊工作團隊

學術顧問　杜澤遜　李振聚　徐　泳

項目統籌　胡長青

責任編輯　劉　晨　劉嬌嬌　張艷艷

呂士遠　趙　菲　劉一星

# 前言

中國是一個文明古國、文化大國，中華文化源遠流長，博大精深。在中國歷史上影響較大的是孔子創立的儒家思想，因此整理儒家經典、注解儒家經典，爲儒家經典的現代化闡釋提供权威、典范、精粹的典籍文本，是推進中華優秀傳統文化創造性轉化、創新性發展的奠基性工作和重要任務。

中國經學史是中國學術史的核心，歷史上創造的文本方面和經解方面的輝煌成果，大量失傳了。西漢是經學的第一個興盛期，除了當時非主流的《詩經》毛傳以外，其他經師的注釋後來全部失傳了。東漢的經解衹有鄭玄、何休等少數人的著作留存下來，其餘也大都失傳了。南北朝至隋朝興盛的義疏之學，其成果僅有皇侃《論語疏》幸存於日本。五代時期精心校刻的《九經》、北宋時期國子監重刻的《九經》以及校刻的單疏本，也全部失傳。南宋國子監刻的單疏本，我國僅存《周易正義》、《爾雅疏》、《春秋公羊疏》（三十卷殘存七卷）、《春秋穀梁疏》（十二卷殘存七卷），日本保存了《尚書正義》、《毛詩正義》、《禮記正義》（七十卷殘存八卷）、《周禮疏》（日本傳抄本）、《春秋公羊疏》（日本傳抄本）、《春秋正義》（日本傳抄本）。南宋兩浙東路茶鹽司刻八行本，我國保存下來的有《周禮疏》、《禮記正義》、《春秋左傳正義》（紹興府刻）、《論語注疏解經》（二十卷殘存十卷）、《孟子注疏解經》（存臺北「故宫」），日本保存有《周易注疏》《尚書正義》（凡兩部，其中一部被清楊守敬購歸）。南宋福建刻十行本，我國僅存《春秋穀梁注疏》、《春秋左傳注疏》（六十卷，一半在大陸，一半在臺灣），日本保存有《毛詩注疏》《春秋左傳注疏》。從這些情况可以看出，經書代表性的早期注釋和早期版本國内失傳嚴重，有的僅保存在東鄰日本。

鑒於這樣的現實，一百多年來我國學術界、出版界努力搜集影印了多種珍貴版本，但是在系統性、全面性和準確性方面都還存在一定的差距。例如唐代開成石經共十二部經典，石碑在明代嘉靖年間地震中受到損害，明代萬曆初年西安府學等學校師生曾把損失的文字補刻在另外的小石上，立於唐碑之旁。近年影印出版唐石經拓本多次，都是以唐代石刻與明代補刻割裂配補的裱本爲底本。由於明代補刻采用的是唐碑的字形，這種配補本難以區分唐刻與明代補刻，不便使用，亟需單獨影印唐碑拓本。

爲把幸存於世的、具有代表性的早期經解成果以及早期經典文本收集起來，系統地影印出版，我們規劃了《儒典》編纂出版項目。

《儒典》出版後受到文化學術界廣泛關注和好評，爲了滿足廣大讀者的需求，現陸續出版平裝單行本。共收録一百十一種元典，共計三百九十七册，收録底本大體可分爲八個系列：經注本（以開成石經、宋刊本爲主。開成石經僅有經文，無注，但它是用經注本删去注文形成的）、經注附釋文本、纂圖互注本、單疏本、八行本、十行本、宋元人經注系列、明清人經注系列。

《儒典》是王志民、杜澤遜先生主編的。本次出版單行本，特請杜澤遜、李振聚、徐泳先生幫助酌定選目。特此説明。

二〇二四年二月二十八日

# 目録

# 孝經鄭注疏

光緒乙未

師伏堂栞

二

序

學者莫不宗孔子之經主鄭君之注而孔子所作之孝經疑非孔子之舊鄭君所箸之孝經注疑非鄭君之書甚非宗聖經主鄭學之意也古人箸書必引經以證義引禮以證經以見其言信而有徵孔子作孝經多引詩書此非獨孝經一書有然大學中庸坊記表記緇衣莫不如是鄭君深於禮學注易箋詩必引禮爲證其注孝經亦援古禮此皆則古稱先實事求是之義自唐以來不明此義明皇作注於鄭注徵引典禮者概置不取未免買櫝還珠之失而開空言說經之弊宋以來尤不明此義朱子定本於經文徵引詩書者輒刪去之聖經且加刊削奚有於鄭注今經學昌明聖經

莫敢議矣而鄭注猶有疑之者錫瑞案鄭君先治今文後治古文大唐新語太平御覽引鄭君孝經序云避難於南城山巖鐵橋以爲避黨錮之難是鄭君注孝經㝡早其解社稷明堂大典禮皆引孝經緯援神契鉤命決文鄭所據孝經本今文其注一用今文家說後注禮箋詩參用古文陸彥淵陸元朗孔沖遠不攷今古文異同遂疑乖違非鄭所箸劉子元妄列十二證請行僞孔廢鄭小司馬昌言排擊得以不廢而自明皇注出鄭注遂散佚不完近儒臧拜經陳仲魚始裒輯之嚴鐵橋四錄堂本㝡爲完善錫瑞從葉煥彬吏部假得手鈔四錄堂本博攷羣籍信其塙是鄭君之注乃竭愚鈍據以作疏孝經文本明顯邢疏依經演說已得大旨茲惟於

鄭注引典禮者爲之疏通證明於諸家駮難鄭義者爲之解釋疑滯冀以扶高密一家之學而於班孟堅列孝經於小學之旨亦無憯焉輯本旣據鐵橋故案語不盡加別白煥彬引陳本書鈔武后臣軌匡嚴氏所不逮兹並箸之不敢掠美更采漢以前徵引孝經者捋列於後以證孝經非漢儒僞作竊取丁儉卿孝經徵文之意云光緒二十一年歲在乙未仲夏月善化皮錫瑞自序於江西經訓書院

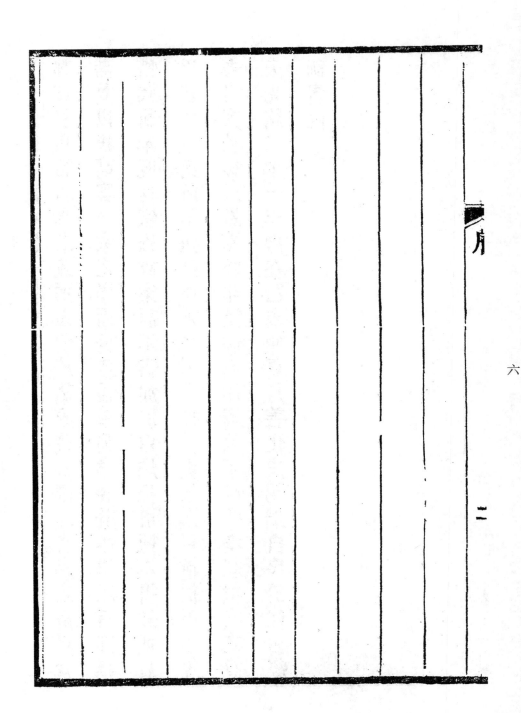

# 鄭氏序

孝經者三才之經緯五行之綱紀孝爲百行之首經者不易之稱玉海四十一藝文孝經類僕避難於南城山棲遲巖石之下念昔先人餘暇述夫子之志而注孝經劉肅大唐新語九

疏曰御覽卷四十二南城山後漢書曰鄭玄漢末遭黄巾之難客於徐州今孝經序鄭氏所作其序云僕避於南城之山棲遲巖石之下念昔先人餘暇述夫子之志而注孝經蓋康成胤孫所作也今西上可二里所有石室焉周迴五丈俗云是康成注孝經處也鄭珍曰唐劉肅大唐新語云梁載言十道志解南城山引後漢書云鄭玄避黄巾之難至蓋胤孫所作也證知御覽此條出於梁載言其首原有十道志曰四字太平寰宇記沂州費縣下又系鈔梁志言而改末句作俗云是康成胤孫注孝經處殊失其原今御覽傳本脫首四字竹垞朱氏直以爲後漢書而謂范史無此文未知爲袁山松華嶠之書抑薛瑩之書脫誤之本惑人如此齊乘南成城費縣南百餘里齊檀子所守漢侯國屬東海因南成山而名漢末黄巾之亂鄭康成避地此山有

註經石室按南成今沂州府費縣地後漢時縣雖屬太山郡在兖州部中以禹貢州域言之正徐州境內地也又按南成屬兖部康成避地於徐先則陶恭祖以師友禮待後則劉先主敬與周旋不知何以又棲遲此山豈恭祖與平元年死後陳宮輩未迎先主乃暫入山中著述耶抑初去高密先寓此山青州黃巾入兖州郎初平三年四月也此山於是時且不可避乃始到徐州耶無從攷定矣錫瑞按據鄭珍說御覽本十道志志引後漢書止首二句今孝經序以下皆梁載言之語朱竹垞以爲皆後漢書殊誤鄭珍訂正是也而梁載言之誤猶未及訂正鄭注孝經全用今文當在注緯注禮之時與晚年用古文不合序云避難南城是避黨錮之難非避黃巾之難後漢書以爲被禁錮修經業杜門不出而據鄭君自序實有黨錮逃難之事當是黨禍方急不能不避後事稍緩乃歸杜門耳若避地徐州有陶恭祖劉先主爲主人不得有棲巖石之事鄭小同注孝經古無此說自梁載言以爲胥孫所作王應麟遂傅會以爲小同梁蓋以孝經鄭氏解世多疑非康成故調停其說以爲康成之孫所作又以序有念昔先人之語於小同爲合遂擬此論案鄭君八世祖崇爲漢名臣祖沖亦明經學周禮疏曰玄鄭沖之孫禮檀弓疏皇氏引鄭說稱鄭沖云小記云諸侯弔必皮弁錫衰則此弁經之衰亦是弔服也皇所引是鄭志之文蓋鄭君稱其祖說以答

問然則鄭君之祖必有著述序云念昔先人安見非鄭君自念其祖而必爲小同念其祖乎鄭珍既以小同之說不足爲信又謂康成客徐州已六十六歲注是晚年客中之作俟小同長始檢得之則猶爲梁載言所惑其辨南成屬兖非徐康成在徐有陶恭祖劉先主不得棲遲此山亦明知梁説爲不然特未能盡闢之則鄭君作注之年不明而小同以孫冒祖之疑亦終莫釋矣

# 孝經鄭注疏卷上

善化皮錫瑞



## 鄭氏解

疏曰晉中經簿於孝經稱鄭氏解據邢疏引邢疏曰孝經者孔子爲曾參陳孝道也漢初長孫氏博士江翁少府后蒼諫大夫翼奉安昌侯張禹傳之各自名家經文皆同唯孔氏壁中古文爲異案今俗所行孝經題曰鄭氏注近古皆謂康成而魏晉之朝無有此說晉穆帝永和十一年及孝武太元元年再聚羣臣共論經義有荀昶者撰集孝經諸說始以鄭氏爲宗晉末以來多有異端陸澄以爲非玄所注請不藏於祕省王儉不依其請遂得見傳至魏齊則立學官著作律令蓋由虜俗無識故致斯訛舛然則經非鄭玄所注其驗有十二焉據鄭自序云遭黨錮之事逃難至黨錮事解注古文尚書毛詩論語爲袁譚所逼來至元城乃注周易都無注孝經之文其驗一也鄭君卒後其弟子追論師所注述及應對時人謂之鄭志其言鄭所注者唯有毛詩三禮尚書周易都不言注孝經其驗二也又鄭志目錄記鄭之所注五經之外有中候大傳七政論乾象厤六藝論毛詩

譜答臨碩難禮許慎異義釋廢疾發墨守箴膏肓答甄守然等書寸紙片言莫不悉載若有孝經之注無容匿而不言其驗三也鄭之弟子分授門徒各述所言更爲問答編錄其語謂之鄭記唯載禮易論語其言不及孝經其驗四也趙商作鄭玄碑銘具載諸所注箋驗論亦不言注孝經晉中經簿周易尚書中候尚書大傳毛詩周禮儀禮禮記論語凡九書皆云鄭氏注名玄至於孝經則稱鄭氏解無名玄二字其驗五也春秋緯演孔圖注云康成注三禮詩易尚書論語其春秋孝經則有評論宋均詩譜序云我先師北海鄭司農則均是玄之傳業弟子師有注述無容不知而云春秋孝經唯有評論非玄之所注特明其驗六也又宋均孝經緯注引鄭六藝論敘孝經云玄又爲之注司農論如是而均無聞焉有義無辭令予昏惑舉鄭之語而云無聞其驗七也宋均春秋緯注云爲春秋孝經則非注之謂所言又爲之注者汎辭耳非事實其敘春秋亦云玄又爲之注甯可復責以實注春秋乎其驗八也後漢史書存於代者有謝承薛瑩司馬彪袁山松等其所注皆無孝經唯范曄書有孝經其驗九也王肅孝經傳首有司馬宣王奉詔令諸儒注述孝經以肅說爲長若先有鄭注亦應言及而不言鄭其驗十也王肅注書好發鄭短凡有小失皆在聖證若孝經此注亦出鄭氏被肅攻擊最應煩多而肅無言其驗十一也魏晉朝賢辨論時事鄭氏諸

注無不撮引未有一言孝經注者其驗十二也錫瑞案邢疏列十二證乃劉子玄之言文苑英華唐會要皆載之子玄通史不通經所著史通疑古惑經諸篇語多悖謬近儒駁劉說辨鄭注非僞是矣然未盡得要領茲謹述鄙見用祛未寤鄭注諸經人皆信據獨疑孝經注者漢立博士不及孝經藝文志列小學前熹平刻石有論語無孝經當時視孝經不如五經論語之重故鄭君雖有注其弟子或未得見或置不引致惑之故皆由於此鄭自序不言注孝經者序云元城注易乃在臨歿之年故舉晚年所注之書獨詳序云逃難下文苑英華唐會要引多注禮二字逃難注禮在禁錮時避難南城山注孝經亦即其時皆早年作故自序云注禮不云注孝經蓋畧言之注緯候更在先亦畧不言也鄭志鄭記趙商碑銘皆不及注孝經亦以不在五經故偶遺漏晉中經簿據隋書經籍志云但錄題及言至於作者之意無所論辨是荀勖等無別裁之識或沿漢志列之小學故標題與九書不同或因宋均之語有疑故題鄭氏而不名也宋均引鄭六藝論敘孝經云玄又爲之注鄭君大賢必不妄言自云爲注塙乎可信古無刻本鈔錄甚艱鄭君著書百餘萬言弟子未必盡見宋不見孝經注固非異事乃因不見遂並師言不信而易其名謂之畧說謂之評論呂步舒不知其師書以爲大愚宋之昏惑殆亦類是鄭敘春秋亦云玄又爲之注春秋孝經相

表裏故鄭皆爲之注據其自序文義正同世說新語云鄭玄注春秋尚未成遇服子慎盡以所注與之是鄭實注春秋則實注孝經可知謝承諸書失載猶鄭志目錄失載耳范書載孝經遺周禮豈得謂周禮非鄭注哉司馬氏與王肅有連左袒王肅先有鄭注何必言及王肅聖證駁鄭孝經注社后土明見郊特牲疏近儒已多辨之攷之邢疏亦有一證聖治章疏曰鄭玄以祭法有周人禘嚳之文遂變郊爲祀感生之帝謂東方青帝靈威仰周爲木德威仰木帝以駁之曰按爾雅曰祭天曰燔柴祭地曰瘞薶又曰禘大祭也謂五年一大祭之名又祭法祖有功宗有德皆在宗廟本非郊配若依鄭說以帝嚳配祭圜丘是天之最尊也周之尊帝嚳不若后稷今配青帝乃非最尊實乖嚴父之義也且徧窺經籍並無以帝嚳配天之文若帝嚳配天則經應云禘嚳於圜丘以配天不應云郊祀后稷也案以毀之曰以下是王肅駁鄭之語肅引孝經駁鄭塙是駁孝經注邢疏於下文亦謂是聖證論則以駁之曰上必有脫誤黃榦儀禮經傳通解續引孝經邢疏以駁之曰上多韋昭所著亦符此說唯魏太常王肅獨著論十七字文義完足所據當是善本今本邢疏乃傳刻譌奪耳子玄生於唐時聖證論尚在乃漫不一攷且謂魏晉朝賢無引孝經注者王肅豈非魏晉人乎此十二驗皆不足證鄭注之僞鄭六藝論自言爲注無可致疑自宋均操戈於前

陸澄發難於後，劉子玄等從而吠聲，鄭注遂亡，遺文十不存一。羣書治要來自海外，近儒疑與釋文、邢疏不合，不知治要本非全注。嚴可均取治要與釋文、邢疏所引合訂，近完善，可繕寫，真高密功臣矣。

開宗明義章第一 邢疏云：劉向校經籍，以十八章爲定，而不列名。又有荀昶集其錄及諸家疏，竝無章名，而援神契自天子至庶人五章，唯皇侃標其目而冠於章首。今鄭注見章名，豈先有改除？近人追遠而爲之也。嚴可均曰：按釋文用鄭注本，有章名；羣書治要無章名。據天子章注云「書錄王事，故證天子之章」，是鄭注見章名也。錫瑞案：本章鄭注云「方始發章，以正爲始」，尤足爲鄭注見章名之證。

仲尼凥，注：仲尼，孔子字。治要 凥，凥講堂也。釋文 曾子侍。注：曾子，孔子弟子也。治要 錫瑞案：陳鱣輯鄭注本有「凥在尊者之側曰侍」，云見釋文、正義。攷釋文、正義皆無明文以爲鄭注，嚴可均輯本無之，今從嚴本。

疏曰：鄭注云「仲尼，孔子字」者，明皇注同。邢疏曰：云「仲尼，孔子字」者，案家語云：孔子父叔梁紇娶顏氏之女徵在，徵在既往廟見以夫年長懼不時有男而私禱尼丘山以祈焉孔子故名丘字仲尼夫伯仲者長幼之次也仲尼有兄字伯故曰仲其名則案桓六年左傳申繻曰名有五其三曰以類命爲象杜注云若孔子首象尼丘蓋以孔子生而圩頂象尼丘山故名丘字仲尼而劉瓛述張禹之義以爲仲者中也尼者和也言孔子有中和之德故曰仲尼殷仲文又云夫子深敬孝道故稱表德之字及梁武帝又以丘爲聚以尼爲和今竝不取錫瑞案史記孔子世家曰叔梁紇與顏氏女禱於尼丘得孔子魯襄公二十二年而孔子生生而首上圩頂故因名曰丘字仲尼白虎通聖人篇曰孔子反宇是謂尼甫是聖人之字本以反宇圩頂故名字皆以類命爲象爾雅釋丘曰水潦所止泥丘釋文曰依字又作屔郭云頂上洿下者說文丠部屔反頂受水丘也據此則屔是正字泥是古通用字尼是假借字水潦所止是爲泥淖儀禮注曰淖者和也張禹說尼者和也蓋從泥淖傳會爲義漢碑或作仲泥亦屬古字通用顏氏家訓曰至於仲尼居三字之中兩字非體三蒼尼旁益丘說文尸下施几如此之類何由可從顏氏不知居字本當作尻鄭君亦同許義屔字乃孔子命名取字本義何不可從之有邢氏不取張劉梁武傅會之說甚是但不應舍史記引家語耳丁晏謂仲尼之字當如張禹之說家語謂禱於尼山而生僞撰不足信丁氏不知家語雖僞而禱尼山及孔子命名

取字之義明見史記固可信也注云尻尻講堂也者御覽百七十六居處部四引郡國誌曰王屋縣有孔子學堂西南七里有石室臨大河水勢湍急五里之間寂無水聲如似聽義又曰齊桓公宮城西門外有講堂齊宣王立此學也故稱爲稷下春秋莒子如齊盟于稷門此也又引齊地記曰臨淄城西門外有古講堂基柱猶存齊宣王修文學處也又引益州記曰文翁學堂在城南華陽國志曰文翁立講堂作石室一曰玉堂在城南錫瑞案據郡國誌齊地記則古有講堂之名據益州記華陽國志則講堂即學堂是孔子講堂亦即孔子學堂而此所尻講堂又非王屋臨河之講堂蓋即曲阜之孔子宅後世稱爲夫子廟堂者即當日之講堂矣邢疏引劉炫述義其畧曰炫謂孔子自作孝經本非曾參請業而對也若依鄭說實居講堂則廣延生徒侍坐非一夫子豈淩人侮衆獨與參言邪且云汝知之乎何必直汝曾子而參先避席乎必其徧告諸生又有對者當參不讓儕輩而獨荅乎假使獨與參言言畢參自集錄豈宜稱師字者乎由斯言之經教發極夫子所撰也而漢書蓺文志云孝經者孔子爲曾子陳孝道也謂其爲曾子特說此經然則聖人之有述作豈爲一人而已斯皆誤本其文致茲乖謬也所以先儒注解多所未行唯鄭元之六蓺論曰孔子以六蓺題目不同指意殊別恐道離散後世莫知根源故作孝經以總會之其言雖則

不然其意頗近之矣案劉氏信鄭六蓺論不信此注所見殊滯不知此注云凥講堂與六蓺論並非矛盾鉤命決引孔子曰吾志在春秋行在孝經是孝經本夫子自作而必假曾子爲言者以其偏得孝名故以孝經屬之鉤命決又引孔子曰春秋屬商孝經屬參是也一貫呼參門人皆在則與曾子論孝何不可在廣延生徒之時劉氏疑爲淩人侮衆何其迂乎子思著書闡揚祖德篇首發端可稱祖字乃疑曾子不可稱師字又非其理也禮記孔子閒居鄭注云退燕避人曰閒居此注以凥爲凥講堂正以經無閒字故其解異說文几部凥處也孝經曰仲尼凥凥謂閒凥如此許君古文孝經作凥與鄭本同古文說解凥爲閒凥與鄭解異王肅好與鄭異從古文說解爲閒居僞撰古文乃於經文竄入閒字不顧與許君古文違異劉氏傳僞古文之本遂詆鄭君凥講堂爲非膠柱之見苟異先儒邢氏不從劉說而以鄭氏所說爲得其見卓矣注云曾子孔子弟子者明皇注同邢疏云案史記仲尼弟子傳稱曾參南武城人字子輿少孔子四十六歲孔子以爲能通孝道故授之業作孝經死於魯故知是仲尼弟子也

子曰先王有至德要道（注）子者孔子治要禹三王最先者釋文嚴可均曰按釋

文此下有案五帝官天下三王禹始傳於子按釋文本作殷於殷配天故爲孝教之始王謂文王也二十八字蓋皆鄭注唯因有案字與鄭注各經不類故疑爲陸德明申說之詞退坿於注末

至德孝悌也要道禮樂也釋文以順天下民用和睦上下無怨注以用也睦親也至德以教之要道以化之是以民用和睦上下無怨也治要

女知之乎

疏曰鄭注云禹三王冣先者據周制而言也繁露三代改制質文篇曰王者之後必正號絀王謂之帝封其後以小國使奉祀之下存二王之後以大國使服其服行其禮樂稱客而朝故同時稱帝者五稱王者三所以昭五端通三統也是故周人之王尚推神農爲九皇而改號軒轅謂之黃帝因存帝顓頊帝嚳帝堯之帝號絀虞而號舜曰帝舜錄五帝以小國下存禹之後於杞存湯之後於宋以方百里爵稱公皆使服其服行其禮樂稱先王客而朝據此足知後世稱舜以上爲五帝禹以下爲三王皆承周制言之孔子周人其稱先王當以禹爲三王冣先者矣盧文弨校釋文改始傳於殷之殷爲子謂於殷配天之文亦有脫誤當謂殷亦世及故殷禮陟配天多歷年所嚴可均謂釋文二十八字蓋皆鄭注錫瑞案鄭以先王專指禹陸氏推鄭之意

以爲五帝官天下禹始傳子傳子者尤重孝故爲孝教之始正申說三王冣先之旨王謂文王也乃陸氏自以意解經之先王專屬周言不兼前代別爲一義與鄭不同若並以爲鄭注與鄭專舉禹之意不合非特有案字與各經注不類嚴氏之說恐未塙也注以至德爲孝悌要道爲禮樂者周禮鄉大夫攷其德行道藝疏云德行謂六德六行道藝謂六藝是德與行爲一類道與藝爲一類六行以孝友爲首六藝以禮樂爲首故鄭君分別至德爲孝悌要道爲禮樂據周禮爲說也廣要道章首舉孝悌禮樂鄭義與經文合以順天下鄭無注據下三才章以順天下鄭注云順治天下則此順字鄭亦當以順治解之明皇注云能順天下人心與鄭義近近解謂順當通作訓非鄭義也陸賈新語孔子曰先王有至德要道以順天下引此經文注云以用也者易彖下傳文王以之虞注詩谷風不我屑以大東不以服箱箋載芟侯彊侯以傳周禮鄉大夫退而以鄉射之禮五物詢衆庶注儀禮士昏禮以湆醬注禮記曾子問有庶子祭者以此注左氏成八年傳霸主將德是以昭四年傳死生以之注國語周語魯人以莒人先濟吳語請問戰奚以而可注中候黑烏以雄注廣雅釋詁四小爾雅廣詁皆云以用也云睦親也者易夬莧陸夬夬釋文引蜀才注書堯典九族旣睦鄭注國語周語和協輯睦晉語能內睦而後圖外注皆云睦親也鄭云至德以教之

要道以化之則其解以順天下亦兼含訓字之義矣
漢書禮樂志曰於是教化浹洽民用和睦引此經

**曾子避席曰參不敏何足以知之**注參名也治要敏猶達也儀禮鄉射記疏**參不達**治要**子曰夫孝德之本也**注人之行莫大於孝故曰德之本**也**治要案明皇注云故爲德本正義曰此依鄭注引其聖治章文也**教之所由生也**注教人親愛**莫善於孝故言教之所由生**治要

疏曰鄭注云敏猶達也者左氏成九年傳尊君敏也襄十四年傳有臣不敏注國語晉語且晉公子敏而有文又寡知不敏又知羊舌職之聰敏肅給也注孟子離婁殷士膚敏注皆云敏達也避席句鄭無注案鄭注文王世子終則負牆云卻就後席相辟又注孔子閒居負牆而立云起負牆者所問竟辟後來者然則曾子避席正以同在講堂獨承聖教故辭不敢當而引避他人也云人之行莫大於孝者聖治章文中庸立天下之大本鄭注大本孝經也以此經注證之其義郅塙說苑建本篇引孔子曰立體有義矣而孝爲本延篤仁孝論曰夫仁人之有孝猶四體之有心腹枝葉之有根本也云教人親愛莫善於孝者廣要

道章文邢疏引祭義稱曾子云衆之本教曰孝案曾子大孝篇亦有是語盧注引孝經曰夫孝德之本也教之所由生也祭義子曰立愛自親始教民睦也疏云立愛自親始者言人君欲立愛於天下從親爲始言先愛親也教民睦也者己先愛親人亦愛親是教民睦也此即教人親愛莫善於孝之旨也

**復坐吾語女身體髮膚受之父母不敢毀傷孝之始也**注父母全而生之己當全而歸之明皇注正義云此依鄭注引祭義樂正子春之言也**立身行道揚名於後世以顯父母孝之終也**注父母得其顯譽也者釋文語未竟或當作者也轉寫倒

疏曰鄭注云父母全而生之己當全而歸之者祭義樂正子春曰吾聞諸曾子曾子聞諸夫子曰天之所生地之所養無人爲大父母全而生之子全而歸之可謂孝矣不虧其體不辱其身可謂全矣曾子聞諸夫子當即孝經之文故鄭君引之以注經也邢疏云身謂躬也體謂四支也髮謂毛髮膚謂皮膚毀謂虧辱傷謂損傷鄭注周禮禁殺戮云見血爲傷是也注以顯父母

爲父母得其顯譽也者說文譽稱也詩振鷺以永終譽箋云譽聲美也是得顯譽卽揚名也邢疏引祭義曰孝也者國人稱願然曰幸哉有子如此又引哀公問稱孔子對曰君子也者人之成名也百姓歸之名謂之君子之子是使其親爲君子也此則揚名榮親也案內則父母雖沒將爲善思貽父母令名必果亦揚名顯父母之義論衡四諱篇引孔子曰身體髮膚至不敢毀傷風俗通太原周黨下引孝經曰身體髮膚至孝之始也

夫孝始於事親中於事君終於立身注父母生之是事親爲始卌彊正義作四十强依釋文改而仕是事君爲中七十行步不逮縣車以上六字依釋文加致仕按釋文有挍語云自父母至致仕今本無蓋宋人不知釋文用鄭注本也後皆放此是立身爲終也正義

疏曰鄭注云父母生之是事親爲始卌彊而仕是事君爲中七十行步不逮縣車致仕是立身爲終也者曲禮曰四十曰彊而仕又曰大夫七十而致仕內則曰四十始仕七十致仕鄭君據此爲說致仕必縣車者白虎通致仕篇曰臣年七十縣車致仕者臣以執事趨走爲職七十陽道極耳目不聰明跂踦之屬是以退老去避賢者路所以長廉遠恥也縣車示不用也公羊疏

引春秋緯云日在懸輿一日之暮人年七十亦一時之暮而致其政事於君故曰懸輿致仕淮南子天文訓至於悲泉爰止其女爰息其馬是謂懸輿二說以人年七十與日在懸輿同故云懸輿致仕與白虎通懸車示不用異鄭義當同白虎通也劉炫駁云若以始爲在家終爲致仕則兆庶皆能有始人君所以無終若以年七十者始爲孝終不致仕者皆爲不立則中壽之輩盡曰不終顏子之徒亦無所立矣錫瑞案劉氏刻舟之見疑非所疑必若所云天子尊無二上無君可事豈但無終又有遁世者流不事王侯豈皆不孝不惟鄭注可駁聖經亦可疑矣經言常理非爲一人而言鄭注亦言其常何得以顏夭爲難哉史記自序云且夫孝始於事親中於事君終於立身揚名於後世以顯父母此孝之大也約舉此經

大雅云無念尒按釋文作爾有按語云本今作爾知原本是尒字今改復祖聿修厥德注大雅者詩之篇名治要雅者正也方始發章以正爲始正義無念無忘也聿述也修治也爲孝之道無敢忘尒先祖當修治其德矣治要

疏曰鄭注云大雅者詩之篇名雅者正也者鄭詩譜曰小雅大雅者周室居西都豐鎬之時詩也大雅之初起自文王至于文

王有聲據盛陰而推原天命上述祖考之美詩序曰雅者正也言王政之所由廢興也政有小大故有小雅焉有大雅焉疏曰雅者訓爲正也由天子以政教齊正天下故民述天子之政還以齊正爲名王之齊正天下得其道則述其美雅之正經及宣王之美詩是也若王之齊正天下失其理則刺其惡幽厲小雅是也云方始發章以正爲始者鄭君宗毛用毛詩序訓雅爲正孝經引詩但稱詩云不舉篇名此經獨云大雅故鄭解之以爲此是開宗明義方始發章意在以正爲始當取雅之正名故不渾稱詩云而必別舉其篇名矣云無念無忘也者詩毛傳曰無念念也箋云當念女祖爲之法鄭箋詩從毛義此以無念爲無忘亦同毛義無忘卽是念無忘之無是實字與無念之無爲語辭者義不同也云聿述也修治也者毛傳曰聿述也本爾雅釋詁文箋云述修祖德從毛義此亦從毛義也易象下傳修井也虞注禮記中庸修道之謂教注論語顏淵敢問崇德修慝辨惑集解引孔注又皇疏國語晉語飾其閑修注廣雅釋詁三皆云修治也云爲孝之道無敢忘尒先祖當修治其德矣者鄭從毛訓聿爲述則修治其德亦當如箋詩義以爲述修祖德其德屬祖德非己德己之德不可言述也邢疏云述修先祖之德而行之與鄭義合漢書匡衡傳衡上疏曰大雅曰無念爾祖聿修厥德孔子著之孝經首章蓋至德之本也案朱子作孝經刊誤刪

去子曰及引詩書之文謂非原本所有攷御覽引鉤命決曰首仲尼以立情性言子曰以開號列曾子示撰輔書詩以合謀緯書之傳竄古其說如此匡衡之疏尤足證引詩爲聖經之舊非後人所增竄孝經每章必引詩書正與大學中庸坊記表記緇衣諸篇文法一例朱子於大學中庸所引詩書皆極尊信未嘗致疑獨疑孝經何也

## 天子章第二

子曰愛親者不敢惡於人（注）愛其親者不敢惡於他人之親治要敬親者不敢慢於人（注）己慢人之親人亦慢己之親故君子不爲也治要

疏曰經言人鄭注以爲人之親又云己慢人之親人亦慢己之親故君子不爲也者所以補明經義也明皇注云博愛也廣敬也邢疏曰此依魏注也言君愛親又施德教於人使人皆愛其親不敢有惡其父母者是博愛也言君敬親又施德教於人使人皆敬其親不敢有慢其父母者是廣敬也案明皇用魏注採下文德教爲說詳鄭君之注意似不然經文二語本屬泛言自

愛敬盡於事親以下始言天子之孝故鄭注亦泛言其理不探
下意爲解孟子曰愛人者人恆愛之敬人者人恆敬之又曰殺
人之父人亦殺其父殺人之兄人亦殺其兄然則
愛敬其親者不敢惡慢他人之親鄭注得其旨矣

**愛敬盡於事親**注盡愛於母盡敬於父治要**而德教加於百姓**注敬以直內義以方外故德教加於百姓也治要**形於四海**注形見也德教流行見四海也治要按文當有於字**蓋天子之孝也**注蓋者謙辭正義

疏曰鄭注云盡愛於母盡敬於父者士章曰資於事父以事母而愛同資於事父以事君而敬同故母取其愛而君取其敬兼之者父也據經義是愛當屬母敬當屬父故鄭據以爲說表記曰今父之親子也親賢而下無能母之親子也賢則親之無能則憐之母親而不尊父尊而不親然則尊親敬愛固當有別矣

注以敬以直內義以方外解德教加於百姓者易乾爲敬坤爲義乾爲父坤爲母鄭於上文注以敬愛分屬父母言其引易或亦以乾父坤母爲說易曰敬義立而德不孤與此經言德教有合鄭君易注殘闕坤六二一條不傳未知然否云形見也德教流行見四海也者國語越語天地形之又天地未形而先爲之

征注荀子儒效忠信愛利形乎下又彊國愛利則形又堯問形於四海注呂覽精通夫月形乎天注淮南原道好憎成形又滅而無形又俶真形物之性也注廣雅釋詁三皆云形見也明皇注本作刑而序仍用鄭本作形云雖無德教加於百姓庶幾廣愛形於四海邢疏曰形猶見也義得兩通臧庸曰此經形於四海猶感應章光於四海當從鄭作形唐本作刑非案鄭注感應章引詩云義取孝道流行莫不被義從化與此注德教流行正合援神契曰天子行孝曰就言德被天下澤及萬物始終成就榮其祖考也云蓋者謙辭者禮運蓋歎魯也深衣蓋有制度疏皆云蓋者謙爲疑辭與注義合劉炫駁云若以制作須謙則庶人亦當謙矣苟以名位須謙夫子曾爲大夫於士何謙而亦云蓋也斯則卿士以上之言蓋者並非謙辭可知也案劉炫傳古文孔傳云蓋者辜較之辭又釋之曰辜較猶梗概也義與鄭注不符故曲說駁鄭未可信據

甫刑云【注】甫刑尚書篇名治要一人有慶【注】引譬連類文選孫子荊爲石仲容與孫皓書注釋文作引辟云或作譬同引類得象書錄王事故證天子之章正義一人謂天子治要兆民賴之【注】億萬曰兆天子曰兆民諸侯曰萬民五經算術上嚴

可均曰：按甄鸞引此注但云從孝經注釋之。今知鄭注者，隋經籍志云周齊唯傳鄭氏。

**天子爲善，天下皆賴之。**治要

疏曰：鄭注云甫刑尚書篇名者，今文尚書作甫刑，古文尚書作呂刑。孝經之外，如禮記緇衣、史記周本紀、鹽鐵論詔聖篇、漢書刑法志、論衡非韓篇、鄭君引書說、趙岐注孟子皆從今文作甫刑，惟墨子從古文作呂刑爲異。孝經本今文，鄭注孝經亦從今文也。緇衣疏引鄭君孝經序曰：春秋有呂國而無甫侯。鄭意蓋以甫侯之國，其先稱甫，至春秋後始稱呂國。左氏傳曰：子重請取於申呂以爲賞田。是春秋後稱呂之證。詩揚之水曰：不與我戍甫。崧高曰：生甫及申。毛傳曰：於周則有甫有申。鄭箋云：周之甫也，申也。維申及甫，鄭箋云：申，申伯也；甫，甫侯也。是其先稱甫之證。國語周語曰：賜姓曰姜，氏曰有呂。是呂其氏也，甫其國也。鄭語曰：申呂雖衰，齊許猶在。以呂爲國，與左傳言申呂同。春秋時或以氏稱其國，或其國改稱呂，皆未可知。要在周初，其國當稱甫，不當稱呂。今文尚書作甫刑爲得其實。邢疏引孔安國云：後爲甫侯，故稱甫刑。然則春秋有呂國無甫侯，豈其先國名呂，而改稱甫，後又由甫而改稱呂乎？知不然矣。云引譬連類，引類得象，書錄王事，故證天子之章者，鄭意經引詩書以爲譬況，皆以其類由類得象此章言天子之孝故以書之錄王事者證之云一人謂天子者邢疏引舊說天子自稱則言予一人予我也言我雖身處上位猶是人中之一也與人不異是謙也若臣人言之則惟言一人言四海之內惟一人乃爲尊稱也天子者帝王之爵猶公侯伯子男五等之稱錫瑞案舊說本於孝經緯白虎通爵篇曰天子者爵稱也爵所以稱天子何王者父天母地爲天之子也故援神契曰天覆地載謂之天子上法斗極鉤命決曰天子爵稱也又號篇曰或稱一人王者自謂一人者謙也欲言己材能當一人耳故論語曰百姓有過在予一人臣下謂之一人何亦所以尊王者也以天下之大四海之內所共尊者一人耳故尚書曰不施予一人白虎通亦本於孝經古義也又儀禮覲禮曰余一人嘉之禮記曲禮曰朝諸侯分職授政任功曰予一人後漢書陳蕃傳引禹曰萬方有罪在余一人國語周語呂氏春秋引湯曰萬夫有罪在予一人墨子兼愛及說苑韓詩外傳引武王曰萬方有罪維予一人是一人爲古天子謙辭之通稱也云億萬曰兆天子曰兆民諸侯曰萬民者禮記內則降德於衆兆民鄭注萬億曰兆天子曰兆民諸侯曰萬民與此注同鄭注蓋以億萬即萬億也天子曰兆民二語用左氏閔二年傳文甄鸞曰按注云億萬曰兆者理或未盡何者按黃帝爲法數有十等及其用也乃有三焉十等者謂億兆京垓秭壤溝

驕故居高位而不危殆治要制節謹度滿而不溢注費用儉約謂之制節奉行天子法度謂之謹度故能守法而不驕逸也治要奢泰爲溢釋文

疏曰鄭注云諸侯在民上故言在上者天子諸侯卿大夫士皆在民上此章言諸侯之孝故鄭專舉諸侯言之云敬上愛下謂之不驕者諸侯上有天子當敬上下有卿大夫士庶當愛下二者皆不驕之道也邢疏解明皇注無禮爲驕曰無禮謂陵上慢下也不敬上愛下即陵上慢下矣云居高位而不危殆者邢疏曰言諸侯在一國臣人之上其位高矣高者危懼若能不以貴自驕則雖處高位終不至於傾危是也云費用儉約謂之制節者明皇注同邢疏曰謂費國之財以爲己用每事儉約不爲華侈則論語道千乘之國云節用而愛人是也云奉行天子法度謂之謹度者援神契曰諸侯行孝曰度言奉天子之法度得不危懼是榮其先祖也云故能守法而不驕逸者荀子不苟篇曰以驕溢人注溢滿也驕逸即驕溢不驕逸即不溢矣云奢泰爲溢者廣雅釋詁二溢盛也莊子人間世夫兩喜必多溢美之言注文選東京賦規摹踰溢薛注皆曰溢過也奢泰即過盛故奢

澗正載也三等者謂上中下也其下數者十十變之若言十萬曰億十億曰兆十兆曰京也中數者萬萬變之若言萬萬曰億萬萬億曰兆萬萬兆曰京也上數者數窮則變若言萬萬曰億億億曰兆兆兆曰京也若以下數言之則十億曰兆若以中數言之則萬萬億曰兆若以上數言之則億億曰兆注乃云億萬曰兆正是萬億也若從中數則須有十萬億次百萬億次千萬億次萬萬億曰兆三數並違有所未詳尚書無此注故從孝經注釋之錫瑞案甄氏亦以爲鄭云億萬即是萬億鄭義與甄氏所推三數皆不合鄭君善算其所據算書蓋與甄氏所據不同故內則注亦云萬億曰兆也云天子爲善天下皆賴之者鄭訓慶爲善詩韓奕慶既令居箋禮記祭統率作慶士注左氏昭三十年傳大國之惠亦慶其家注廣雅釋詁一皆曰慶善也明皇注亦作慶善也邢疏曰言天子一人有善則天下兆庶皆倚賴之也善則愛敬是也一人有慶結愛敬盡於事親已上也兆民賴之結而德教加於百姓已下也

## 諸侯章第三

在上不驕高而不危（注）諸侯在民上故言在上敬上愛下謂之不

泰爲溢也漢建武二年封功臣策曰在上不驕高而不危制節謹度滿而不溢引此經

**高而不危所以長守貴也**【注】居高位而不驕所以長守貴也 治要

**滿而不溢所以長守富也**【注】雖有一國之財而不奢泰故能長守富也 治要

疏曰鄭注云居高位而不驕者順經文爲説也云雖有一國之財而不奢泰者禮記曲禮曰問國君之富數地以對山澤之所出是諸侯有一國之財也奢泰爲溢不奢泰即不溢漢堯廟碑云高如不危滿如不溢引此經古而如通用

**富貴不離其身**【注】富能不奢貴能不驕故能不離其身 治要

疏曰鄭注承上而言臧庸曰釋文離音力智反則不字後人所加唐注云富貴常在其身正義謂此依王肅注則王肅本亦無不字何也蓋常在其身者謂常麗著其身也易彖傳離麗也象傳離王公也鄭作麗梁武力智反此經云富貴離其身猶諫爭章云則身離於令名釋文於彼亦音力智反標經無不字可前後互證阮福謂此不然也臧謂力智反當爲離著之義其實古

人仄聲亦可訓分離此經文明明有不字且不字與不危不溢相應不離與長守相應安可以釋文力智反即拘泥爲無不字乎又況呂覽引此明明有不字乎若以明皇注常在爲麗著之證則石臺孝經皆有不字不麗著更不成詞矣錫瑞案阮說是也據鄭注則鄭本亦有不字臧氏輯鄭注未見治要故有此疑

**然後能保其社稷**（注）上能長守富貴然後乃能安其社稷治要社謂后土也句龍爲后土周禮封人疏禮記郊特牲正義嚴可均曰按注不言稷猶未竟

疏曰鄭注云上能長守富貴承上文言云社謂后土也句龍爲后土者侯康曰周禮封人疏引鄭孝經注云社謂后土而申其義曰舉配食者而言蓋鄭君意以社爲五土總神稷爲原隰之神句龍以其有平水土之功配社祀之稷有播種之功配稷祀之用援神契與賈逵等謂社即句龍稷即后稷皆人鬼非地神者不同此云社謂后土后土正是句龍似反用賈逵等故疏解之云舉配食者而言馬昭等又有一說句龍爲后土之官地神亦爲后土左氏云君履后土而戴皇天鄭云后土謂地神非謂句龍也二說雖殊要鄭此注文同賈逵等而意實異可知攷鄭義亦有所本駁五經異義引今孝經說曰社者土地之主土地

廣博不可偏敬封五土以爲社則此自今文孝經舊說而鄭注遵用之也錫瑞案俟說是也小雅疏引鄭志鄭答田瓊曰后土土官之名也死以爲社社而祭之故曰后土社句龍爲后土後轉爲社故世人謂社爲后土無可怪也據此則鄭意以社爲后土句龍亦爲后土王肅難鄭云月令命民社鄭注云社后土也孝經注云社后土也句龍爲后土鄭記云社后土則句龍也是鄭自相違反不知鄭義並非違反王肅所疑者鄭答田瓊已自釋之此經鄭注稷義不傳據駁異義之說補之鄭君亦從今孝經援神契說御覽引援神契曰社者五土之總神稷者原隰之神五穀稷爲長五穀不可偏敬故立稷以表名也白虎通社稷篇曰人非土不生非穀不食土地廣博不可偏敬也五穀衆多不可一一祭也故封土爲社示有土也稷五穀之長故立稷而祭之也下引此經白虎通亦本今孝經說也郊特牲疏引異義云今孝經說稷者五穀之長穀衆多不可偏敬故立稷而祭之古左氏說列山氏之子曰柱死後祀以爲稷稷是田正周棄亦爲稷自商以來祀之謹案禮緣生及死故社稷人事之旣祭稷穀不得但以稷米祭稷反自食從左氏義鄭駁之云宗伯以血祭祭社稷五祀五岳若是句龍柱棄不得先五岳而食詩信南山云畇畇原隰又云黍稷彧彧原隰生百穀稷爲之長則稷者原隰之神若達此義不得以稷米自祭爲難鄭說社稷皆本今孝

經說較之古左氏說實遠勝之後之祀社稷者當宗今孝經說鄭義爲定論邢疏引皇侃以爲稷五穀之長亦爲土神據此稷亦社之類也又引左傳之文言句龍柱棄配社稷而祭之卽句龍柱棄非社稷也與鄭義合應劭風俗通用異義之說云祭稷穀不得稷米稷反自食也而邾文公用鄫子於次睢之社司馬子魚諫曰古者六畜不相爲用祭祀以爲人也民人神之主也用人其誰享之詩云吉日庚午既伯既禱豈復殺馬以祭馬乎孝經之說於斯悖矣米之神爲稷故以癸未日祠稷於西南水勝火爲金相也應氏以稷爲米神較以柱棄爲稷者似近理而引次睢之事擬不於倫反據以駁孝經之說妄矣郊特牲疏引爲鄭學者通王肅之難續漢書祭祀志注列仲長統答鄧義之難皆足以扶鄭義文多不載王肅難鄭明引鄭孝經注劉知幾乃云注出鄭氏而肅無言失之不考

**而和其民人**〔注〕薄賦斂省傜役是以民人和也 治要 **蓋諸侯之孝也**

〔注〕列土分疆謂之諸侯 周禮大宗伯疏

疏曰鄭注云薄賦斂者賦與斂有別周禮大宰鄭注云賦謂口率出泉也又云賦謂僱更之錢也大司馬注云賦給軍用者也

大司徒注云賦謂九賦及軍賦小司徒注云賦謂出車徒給繇役也是鄭意以賦屬軍賦此注下有傜役不必兼傜役言但據軍用所出言之可也說文廣雅皆曰斂收也是斂屬土地所收斂孟子所謂布縷之征粟米之征是也云省傜役者傜役即孟子所謂力役之征是也孟子曰君子用其一緩其二此薄省之義古者稅用什一用民之力歲不過三日鄭解此經爲敬上愛下奉天子法度不奢泰故以薄賦斂省傜役爲言云列土封疆謂之諸侯者漢書谷永傳曰方制海内非爲天子列土封疆非爲諸侯皆以爲民也白虎通封公侯篇曰列土爲疆非爲諸侯張官設府非爲卿大夫皆爲民也潛夫論三式篇曰封疆立國不爲諸侯張官設府不爲卿大夫必有功於民乃得保位蓋古有此語漢人常依用之呂氏春秋察微篇引孝經曰高而不危至和其民人白虎通引保其社稷而和其民人蓋諸侯之孝也

詩云戰戰兢兢如臨深淵如履薄氷（注）戰戰恐懼兢兢戒慎如臨深淵恐墜如履薄氷恐陷治要義取爲君恆須戒懼明皇注戰戰至戒懼正義云此依鄭注也

疏曰邢疏曰毛詩傳云戰戰恐也兢兢戒也此注恐下加懼戒下加慎足以圓文也云臨深恐墜履薄恐陷者亦毛詩傳文也恐墜謂如入深淵不可復出恐陷如沒在氷下不可拯濟也云義取爲君恆須戒懼者引詩大意如此案論語曾子有疾召門弟子引此詩曾子蓋終身守孝經之戒

朱注全用鄭注但避宋諱易慎爲謹耳

## 卿大夫章第四

非先王之法服不敢服(注)法服謂先王制五服天子服日月星辰諸侯服山龍華蟲卿大夫服藻火士服粉米皆謂文繡也 釋文周禮小宗伯疏北堂書鈔原本八十六法則一百二十八法服文選陸士龍大將軍讌會詩注嚴可均曰按鄭注禮器云天子服日月以至黼黻諸侯自山龍以下今此不至黼黻闕文也釋文出服藻火服粉米六字服粉連文是注作卿大夫服藻火士服粉米明甚若馬融書說則卿大夫服藻火粉米士服藻火漢儒於五服五章各自爲說未可畫一也 田獵戰伐卜筮冠皮弁衣素積百王同之不改易也 詩六月正義儀禮士冠記疏少牢饋食禮疏

疏曰鄭注云法服謂先王制五服云云者據今尚書歐陽說也續漢書輿服志曰孝明皇帝永平二年初詔有司采周官禮記尚書皋陶篇乘輿從歐陽氏說公卿以下從大小夏侯氏說又曰乘輿備文日月星辰十二章三公諸侯用山龍九章九卿以下用華蟲七章皆備五采後漢書明帝紀永平二年注引董巴輿服志畧同蓋歐陽說天子有日月星辰共十二章夏侯說天子無日月星辰亦止九章王仲任習歐陽尚書論衡量知篇曰黼黻華蟲山龍日月語增篇曰服五采之服畫日月星辰此歐陽說天子服日月星辰之明證鄭君兼采二說分別其義謂虞有日月星辰十二章魯亦有十二章用歐陽說謂周止有九章用夏侯說故注王制曰虞夏之制天子服有日月星辰又注有虞氏皇而祭曰有虞氏十二章周九章夏殷未聞又注郊特牲王被衮以象天曰謂有日月星辰之章此魯禮也又注周禮司服曰此古天子冕服十二章王者相變至周而以日月星辰畫於旌旗而冕服九章鄭意欲從歐陽夏侯兩不背其說故分虞與周魯以當之猶明帝兼采歐陽夏侯之意此注與禮器注意不分析概以爲天子服十二章專用歐陽說也嚴可均後序不知鄭說所出乃謂鄭推儀禮九章合日月星辰十二章又謂試問天子服日月星辰非鄭誰爲此語者似並論衡後漢書續漢志皆未之見疏失甚矣云田獵戰伐卜筮冠皮弁衣素積百王

同之不改易也者，詩疏引孝經援神契曰皮弁素幘軍旅也白虎通三軍篇曰王者征伐所以必皮弁素幘何伐者凶事素服示有悽愴也伐者質故衣古服禮曰三王共皮弁素幘服亦皮弁素幘又招虞人亦皮弁知伐亦皮弁據此則今文家說以爲田獵戰伐用皮弁素幘招虞人即田獵之事天子視朝諸侯視朔皆皮弁卜筮或亦用之鄭學宏通注孝經即用援神契說故與他經之注以爲戎服用韎韋衣裳者不同援神契白虎通皆作素幘此注作素積者禮作素積鄭注云積猶辟也以素爲裳辟蹙其要中是不當爲巾幘之幘故於此注別白之曰衣素積然則援神契白虎通葢叚幘爲積也士冠記曰三王共皮弁素積鄭注云質不變郊特牲曰三王共皮弁素積鄭注云所不易於先代此注百王同之不改易正與禮注義同百王同之專承皮弁素積而言說苑云皮弁素積百王不易嚴可均誤以爲並指服章乃以此注與禮器注爲鄭初定之說謂四代皆然由於誤讀注文乃並所推鄭意皆失之矣

非先王之法言不敢道【注】不合詩書不敢道治要非先王之德行不敢行【注】禮以檢奢釋文嚴可均曰按此下當有樂以云云闕不合禮樂則不敢行治要是

故非法不言注非詩書則不言治要非道不行注非禮樂則不行治要

疏曰鄭注以不合詩書爲非先王法言不合禮樂爲非先王德行者禮記文王世子曰順先王詩書禮樂以造士春秋教以禮樂冬夏教以詩書是詩書禮樂皆先王所遺法言德行即在其内曲禮曰毋勦說毋雷同必則古昔稱先王古昔先王之訓在於詩書故子所雅言詩書執禮孝經諸章引詩書以明義即是其證玉藻曰趨以采薺行以肆夏周旋中規折旋中矩是古人之行必合禮樂澤宮選士其容體比於禮其節比於樂者得與於祭故鄭以詩書禮樂解法言德行也繁露爲人者天篇引非法不言非道不行

口無擇言身無擇行言滿天下無口過行滿天下無怨惡三者備矣注法先王服言先王道行先王德則爲備矣治要

疏曰阮福義疏曰二擇字當讀爲厭厭斁之斁厭斁即詩所云在彼無惡在此無斁庶幾夙夜以永終譽也詩思齊古之人無斁譽髦斯士鄭氏箋引孝經口無擇言身無擇行以明之釋文鄭作擇此乃鄭讀孝經之擇爲斁而漢時毛詩本有作擇者故孔

疏曰箋不言字誤也錫瑞案鄭注不傳明皇注以擇爲選擇失之阮氏讀擇爲厭斁之斁亦未是也擇當讀爲斁敗之斁洪範彝倫攸斁鄭注訓斁爲敗說文殬敗也引商書曰彝倫攸殬擇古同音甫刑敬忌罔有擇言在身蔡邕司空楊公碑曰用罔有擇言失行在於其躬擇言與失行並言此擇訓敗之證太元元挩曰言正則無擇行正則無爽水順則無敗法言吾子篇曰君子言也無擇聽也無淫擇則亂淫則辟擇與爽敗淫之義近據鄭君箋詩以擇爲斁引此經文鄭必解此經二擇字爲斁敗之斁矣經但云言行注以三者爲服言行者皇侃云初陳教本故舉三事服在身外可見不假多戒言行出於內府難明故須備言最於後結宜用總言謂人相見先觀容飾次交言辭後謂德行故言三者以服爲先德行爲後也案孟子曰子服堯之服誦堯之言行堯之行是堯而已矣鄭云法先王服言先王道行先王德即孟子之意援神契曰卿大夫行孝曰譽蓋以聲譽爲義謂言行布滿天下能無怨惡遐邇稱譽是榮親也

然後能守其宗廟〔注〕宗尊也廟貌也親雖亡没事之若生爲作正義作立今從釋文宗廟案釋文作宮室四時祭之若見鬼神之容貌詩清廟正義蓋卿大

夫之孝也【注】張官設府謂之卿大夫禮記曲禮上正義

疏曰鄭注云宗尊也廟貌也者書舜典禋于六宗又汝作秩宗又江漢朝宗于海傳詩鳬鷖公尸來燕來宗又雲漢靡神不宗傳又公劉君之宗之箋周禮目錄又大宗伯夏見曰宗注儀禮士昏禮記宗爾父母之言注禮記檀弓天下其孰能宗予注釋名釋宮室皆曰宗尊也說文宗尊祖廟也廟尊祖皃也詩清廟序箋廟之言貌也死者精神不可得而見但以生時之居立宮室象貌爲之耳祭法王立七廟注廟之言貌也宗廟先祖之尊貌也公羊桓二年傳注廟之爲言貌也思想儀貌而事之釋名釋宮室廟貌也先祖形貌所在也廣雅釋言廟貌也宗尊廟貌皆取聲同爲訓云親雖亡没事之若生爲立宗廟者白虎通宗廟篇曰王者所以立宗廟何曰生死殊路故敬鬼神而遠之緣生以事死敬亡若事存故欲立宗廟而祭之此孝子之心所以追養繼孝也宗者尊也廟者貌也象先祖之尊貌也所以有室何所以象生之居也按據此釋文作宮室不誤御覽引王嬰古今通論曰周日宗廟尊其生存之貌亦不死之也云四時祭之若見鬼神之容貌者詩天保禴祠烝嘗周禮大宗伯以祠春享先王以禴夏享先王以嘗秋享先王以烝冬享先王王制春曰禴夏曰禘秋曰嘗冬曰烝又庶人春薦韭夏薦麥秋薦黍冬薦稻案諸經說

祠禴禘不同鄭君禘祫志曰王制記先王之法度春曰禴夏曰禘周公制禮又改夏曰禴禘又爲大祭祭義注云周以禘爲殷祭更名春曰祠是也據王制天子至庶人皆有四時祭則卿大夫有四時祭可知玉藻曰凡祭容貌顏色如見所祭者祭義曰齊三日如見其所爲齊者祭之日入室僾然必有見乎其位周還出戶肅然必有聞乎其容聲出戶而聽愾然必有聞乎其歎息之聲此若見鬼神容貌之義也云張官設府謂之卿大夫者見前諸侯章疏

詩云夙夜匪懈以事一人(注)夙早也夜莫也治要匪非也懈惰也華嚴音義二十一人天子也卿大夫當早起夜臥以事天子勿懈惰治要

疏曰鄭注云夙早也夜莫也者詩烝民夙夜匪解箋同詩行露豈不夙夜小星夙夜在公定之方中星言夙駕陟岵夙夜無已閔予小子夙夜敬止有駜夙夜在公箋儀禮士冠禮士昏禮特牲饋食禮夙興注皆曰夙早也陟岵夙夜無已箋云夜莫也亦同云匪非也懈惰也者詩烝民箋及氓匪來貿絲出其東門匪我思存杕杜匪適株林杕杜匪載匪來六月玁狁匪茹小旻如匪行邁謀江漢匪安匪遊載芟匪且有且匪今斯今箋皆云匪非也淮南修務訓爲民興利除害而不懈注懈惰也與此同云

一人天子也者見前天子章疏云卿大夫當早起夜卧者國語魯語曰卿大夫朝考其職晝講其國政夕序其業夜庀其家事而後卽安

## 士章第五

資於事父以事母而愛同注資者人之行也釋文公羊定四年疏事父與母愛同敬不同也治要資於事父以事君而敬同注事父與君敬同愛不同治要

疏曰鄭注云資者人之行也者公羊定四年傳事君猶事父也何氏解詁曰孝經曰資於事父以事君而敬同本取事父之敬以事君疏云鄭氏孝經注曰資者人之行也注四制云資猶操也然則言人之行者謂人操行也案喪服四制疏曰言操持事父之道以事於君則敬君之禮與父同又曰操持事父之道以事於母而恩愛同與公羊疏義合鄭注考工記喪服傳明堂位表記書大傳皆云資取也此不同何氏訓取者鄭意蓋以經之下文乃言母取其愛君取其敬此不當先以取言也云事父與

母愛同敬不同也者卽表記母親而不尊父尊而不親之義云事父與君敬同愛不同者喪服傳曰父至尊也又曰君至尊也是敬同之證通典引異義鄭元按孝經資於事父以事君言能爲人子乃能爲人臣也案喪服四制已引此經二語禮記出於七十子之後則孝經又在其先矣漢書韓延壽傳引資於事父以事君而敬同風俗通封祈下引資於父母以事君

**故母取其愛君取其敬兼之者父也**（注）兼幷也愛與母同敬與君同幷此二者事父之道也治要

疏曰鄭注云兼幷也者儀禮士冠禮兼執之大射儀兼諸跗注左氏昭八年傳欲兼我也注說文廣雅釋言華嚴音義上引文字集畧皆曰兼幷也云愛與母同敬與君同者劉瓛曰父情天屬尊無所屈故愛敬雙極也

**故以孝事君則忠**（注）移事父孝以事於君則爲忠矣治要矣作也依明皇注改正義云此依鄭注也

**以敬事長則順**（注）移事兄敬以事於長則爲順矣治要

疏曰鄭注云移事父孝以事於君者邢疏曰揚名章云君子之事親孝故忠可移於君是也舊說云入仕本欲安親非貪榮貴

也若用安親之心則爲忠也若用貪榮之心則非忠也嚴植之曰上云君父敬同則忠孝不得有異言以至孝之心事君必忠也云移事兄敬以事於長者邢疏曰下章云事兄悌故順可移於長注不言悌而言敬者順經文也左傳曰兄愛弟敬又曰弟順而敬則知悌之與敬其義同焉尚書曰邦伯師長公卿也則知大夫以上皆是士之長案曾子立孝篇曰是故未有君而忠臣可知者孝子之謂也未有長而順下可知者弟弟之謂也盧注引孝經曰以孝事君則忠以敬事長則順呂氏春秋孝行覽高誘注引以孝事君則忠

**忠順不失以事其上**【注】事君能忠事長能順二者不失可以事上也治要

**然後能保其祿位**【注】食稟爲祿釋文

疏曰鄭注云事君能忠事長能順者承上文言邢疏曰事上之道在於忠順二者皆能不失則可事上矣上謂君與長也云食稟爲祿祿者孟子曰上士倍中士中士倍下士下士與庶人在官者同祿祿足以代其耕也王制與孟子同此士食祿之證周官司祿闕不可攷鄭注孝經用今文說當據孟子王制解之

而守其祭祀（注）始爲日祭釋文嚴可均曰案初學記十三引五經異義曰謹案叔孫通宗廟有日祭之禮知古而然也藝文類聚三十八同蓋士之孝也（注）別是非釋文語未竟嚴可均曰白虎通爵篇引傳曰通古今辨然不謂之士別是非卽辨然不也

疏曰鄭注云始爲日祭者國語周語曰甸服者祭侯服者祀賓服者享要服者貢荒服者王日祭月祀時享歲貢終王楚語曰先王日祭月享時類歲祀諸侯舍日卿大夫舍月士庶人舍時漢書韋元成傳曰日祭於寢月祭於廟時祭於便殿寢日四上食又曰劉歆以爲禮去事有殺故春秋外傳曰日祭月祀時享歲貢終王祖禰則日祭曾高則月祀二祧則時享壇墠則歲貢大禘則終王御覽引異義古春秋左氏說古者先王日祭於祖考月薦於曾高時享及二祧歲禱於壇墠終禘及郊宗石室許君謹案叔孫通宗廟有日祭之禮知古而然也韋昭注周語曰日祭祭於祖考謂上食也近漢亦然祭法疏曰此經祖禰月祭楚語云日祭祖禰非鄭義故異義駮今鄭駮之文不可攷竊意鄭君蓋謂楚語稱古者先王乃夏殷禮祭法鄭荅趙商以爲周禮故與夏殷之禮不同然日祭之禮古經傳皆無之惟見於國語一書異義引左氏說亦卽國語文也儀禮旣夕記曰燕養饋

羞湯沐之饌如他日鄭注燕養平時所用供養也饋朝夕食也
羞四時之珍異湯沐所以洗去汙垢孝子不忍一日廢其事親
之禮於下室日設之如生存也檀弓日虞而立尸有几筵卒哭
而諱生事畢而鬼事始已據此則古禮惟新死有日祭乃孝子
不忍遽死其親之意猶以人道事之至以虞易奠始以鬼神事
之而下室遂無事漢之寢日上食乃以人道事神不應禮制故
匡衡奏可亡修朱子云國語有日祭之文是主復寢猶日上食
朱子以爲日祭即下室之饋食饋食不得謂之祭且此是喪禮
自天子達於庶人亦與國語諸侯舍日之文不合此章言士之
孝不當以天子之禮解之祭法疏云楚語日祭非鄭義鄭君何
故復引以注孝經釋文引鄭注云始爲日祭一作始日爲祭皆
不可通嚴氏據善本作日祭似可通矣而下文闕不知鄭意如
何玩始爲二字或鄭所謂日祭亦即指始死饋食而言而非國
語所謂日祭乎注云別是非文不完嚴氏所推近之繁露服制
篇說苑修文篇皆有通古今辨然否之文曲禮曰夫禮者所以
定親疏決嫌疑別同異明是非也別是非即別同異明是非援
神契曰士行孝曰究以明審爲義當須明審資親
事君之道是能榮親也士貴明審故鄭云別是非

**詩云夙興夜寐無忝爾所生注忝辱也所生謂父母士爲孝當早**

起夜卧無辱其父母也 治要

疏曰鄭注云忝辱也者本爾雅釋言詩小宛傳云忝辱也疏曰故當早起夜卧行之無辱汝所生之父母已云所生謂父母者邢疏曰下章云父母生之是也云士爲孝當早起夜卧者國語魯語曰士朝而受業晝而講貫夕而習復夜而計過無憾而後即安曾子立孝篇曰夙興夜寐無忝尒所生言不自舍也

## 庶人章第六

子曰因 治要嚴可均曰按余蕭客所見影宋蜀大字本亦有子曰亦作因 天之道 注 春生夏長秋收冬藏順四時以奉事天道 治要 分地之利 注 分別五土視其高下若高田宜黍稷下田宜稻麥邱陵阪險宜種棗栗 治要正義初學記五御覽三十六唐會要七十七嚴可均曰按釋文宜棗棘云一本作宜種棗棘蓋鄭注元是棘字小尒疋棘實謂之棗可以互證諸引作棗栗所據本異也 此分地之利 治要

疏曰鄭注云春生夏長秋收冬藏者齊民要術耕田篇引魏文侯曰民春以力耕夏以鋤耘秋以收斂朱彝尊經義攷謂是此經之傳鄭蓋本魏文侯傳也邢疏曰爾雅釋天云春爲發生夏爲長嬴秋爲收斂冬爲安寧安寧卽閉藏之義也云順四時以奉事天道者邢疏曰順四時之氣春生則耕種夏長則芸苗秋收則穫刈冬藏則入廩也云分別五土視其高下若高田宜黍稷下田宜稻麥邱陵阪險宜種棗栗者邢疏曰周禮大司徒云五土一曰山林二曰川澤三曰邱陵四曰墳衍五曰原隰謂庶人須能分別視此五土之高下隨所宜而播種之則職方氏所謂青州其穀宜稻麥雍州其穀宜黍稷是也錫瑞案援神契曰洿泉宜稻漢書溝洫志曰賈讓奏言若有渠漑則鹽鹵下溼塡淤加肥故種禾麥更爲秔稻高田五倍下田三倍敘傳曰坤作墬勢高下九則劉德曰九則九州土田上中下九等也書禹貢疏引鄭注曰田著高下之等當爲水害備也此云視其高下亦當爲水害備之義史記貨殖列傳曰安邑千樹棗燕秦千樹栗此宜棗栗之地也棗栗一作棗棘者棗棘二物同類異名棘亦棗也詩園有棘孟子養其樲棘皆棗之類

**謹身節用以養父母**（注）行不爲非爲謹身富不奢泰爲節用度財

爲費治要什一而出釋文父母不乏也治要此庶人之孝也注無所復謙

釋文

疏曰鄭注云行不爲非爲謹身者鄭注士章以別是非爲士孟子曰是非之心人皆有之殺一無罪非仁也非其有而取之非義也庶人雖異於士亦當知之而不爲矣云富不奢泰爲節用者鄭注諸侯章云雖有一國之財而不奢泰故能長守富庶人雖不及諸侯之富曲禮問庶人之富數畜以對是庶人亦有富者亦當不奢泰矣云度財爲費什一而出父母不乏也者邢疏曰謂常節省財用公家賦稅充足而私養父母不闕乏也孟子稱周人百畝而徹其實皆什一也劉熙注云家耕百畝徹取十畝以爲賦也又云公事畢然後敢治私事是也云無所復謙者鄭注天子章云蓋者謙辭則諸侯卿大夫士章言蓋者均屬謙辭庶人章言此不言蓋故云無所復謙援神契曰庶人行孝曰畜以畜養爲義言能躬耕力農以畜其德而養其親也

故自天子至於庶人孝無終始而患不及己者嚴可均曰明皇本無己字蓋臆刪耳按鄭注患難不及其身身卽己也正義引劉瓛云而患行孝不及己者又云何患不及己者哉則經文元有己字未之有

也【注】總說五孝上從天子下至庶人皆當孝無終始能行孝道故患難不及其身也治要無也字依釋文加正義引劉瓛云鄭王諸家皆以爲患及身又云蒼頡篇謂患爲禍孔鄭韋王之學引之以釋此經未之有者言未之有也治要嚴可均曰按釋文言字作善一本作難正義引謝萬云能行如此之善曾子所以稱難故鄭注云善未有也今按難善二本皆誤其致誤之由以鄭注有皆當孝無終始之語而下章復有此語實則兩無字並宜作有何以明之經云孝無終始者承上章始於事親終於立身故此言人之行孝倘不能有始有終未有禍患不及其身者也晉時傳寫承誤謝萬劉瓛雖曲爲之說於義未安今擬改鄭注云皆當孝有終始即經旨明白矣末句尚有差誤不敢臆定

疏曰嚴氏之說是也邢疏引諸家申鄭難鄭往復之詞曰鄭曰諸家皆以爲患及身今注以爲自患不及將有說乎答曰經傳稱患皆是憂患之辭故皇侃曰無始有終謂改悟之善惡禍何必及之則無始之言已成空設也禮祭義曾子說孝曰衆之本教曰孝其行曰養養可能也敬爲難敬可能也安爲難安可能也卒爲難父母既沒愼行其身不遺父母惡名可謂能終矣夫

以曾參行孝親承聖人之意至於能終孝道尚以爲難則寡能無識固非所企也今爲行孝不終禍患必及此人偏執詎謂經通鄭曰書云天道福善禍淫又曰惠迪吉從逆凶惟影響斯則必有災禍何得稱無也答曰來問指淫凶悖慝之倫經言戒不終善美之輩論語曰今之孝者是謂能養曾子曰參直養者也安能爲孝乎又此章云以養父母此庶人之孝也儻有能養而不能終只可未爲具美無宜即同淫慝也古今凡庸詎識學道但使能養安知始終若今皆及於災便是比屋可貽禍矣錫瑞案疏兩引鄭曰非即鄭君之注是後儒申鄭之說阮福云疏內兩鄭曰皆有誤當云難鄭者曰乃唐人問難之辭其說是也此經明云自天子至於庶人鄭注明云總說五孝上從天子下至庶人難鄭者乃專指庶人爲言顯與經注相悖云寡能無識云凡庸詎識學道專言庶人尚可而此經包天子諸侯卿大夫士在內豈天子諸侯卿大夫士亦得以寡能凡庸自解乎首章明云孝之始也孝之終也此章所謂終始即指不敢毀傷立身揚名而言自天子至庶人皆當勉此孝道難鄭者乃謂有始不必有終無終不必及禍是不止背鄭直背經矣若專執庶人爲言疑庶人不能揚名顯親則與劉炫駁鄭人君無終之言同一拘泥古書多通論其理豈得如此泥看妄生駁難哉阮福義疏辨曾子曰君子患難除之又曰禍之所由生自孅孅也是故君子

夙絶之又日天子日旦思其四海之内戰戰惟恐不能乂也諸侯日旦思其四封之内戰戰惟恐失損之也大夫士日旦思其官戰戰惟恐不能勝也庶人日旦思其事戰戰惟恐刑罰之至也是故臨事而栗者鮮不濟矣云此皆是患禍及之之義亦即是天子至庶人皆恐患禍及身之義證據甚塙案曾子大孝故居處不莊非孝也事君不忠非孝也莅官不敬非孝也朋友不信非孝也戰陳無勇非孝也五者不遂災及於身敢不敬乎災及於身即患及己亦可與此經相發明注言未之有也言字下蓋有脫文

## 三才章第七

**曾子曰甚哉**（注）語喟然釋文 **孝之大也**（注）上從天子下至庶人皆當爲孝無終始曾子乃知孝之爲大治要

疏曰鄭注承上而言邢疏云夫子述上從天子下至庶人五等之孝後總以結之語勢將畢欲以更明孝道之大無以發端特假曾子歎孝之大更以彌大之義告之也案邢疏以甚哉爲歎辭以孝之大爲承上文天子至庶人而言與鄭意同云無以發

端特假曾子乃本劉炫假曾子立問之意與鄭意異鄭云曾子乃知孝之爲大則不必謂假曾子之歎矣孝無終始當從嚴氏改爲孝有終始

子曰夫孝天之經也注春夏秋冬物有死生天之經也 治要 地之義也注山川高下水泉流通地之義也 治要 民之行也注孝悌恭敬民之行也 治要

疏曰鄭注以春夏秋冬物有死生爲天之經者鄭注庶人章云春生夏長秋收冬藏春生夏長物所以生秋收冬藏物所以死物有死生承四時而言也以山川高下水泉流通爲地之義者鄭注庶人章云分別五土視其高下凡地近山者多高近川者多下也云川又云水泉者攷工記匠人爲溝洫廣尺深尺謂之甽廣二尺深二尺謂之遂廣四尺深四尺謂之溝廣八尺深八尺謂之洫廣二尋深二仞謂之澮專達於川凡天下之地埶兩山之間必有川焉大川之上必有涂焉是川爲大川水泉流通即甽遂溝洫澮之水行於兩山大川之間者也云孝悌恭敬民之行也者鄭解此經天經地義皆泛說不屬孝言故以孝悌恭

敬爲民之行亦不專言孝蓋以下文天地之經而民是則之當屬泛說此經與下緊相承接亦當泛說若必屬孝則與下文室礙難通此鄭君解經之精也

**天地之經而民是則之**（注）天有四時地有高下民居其間當是而則之治要**則天之明**（注）則視也視天四時無失其早晚也治要**因地之利**（注）因地高下所宜何等治要

疏曰鄭云天有四時地有高下緊承上文之注故知上文必用泛說乃與此文相承也云民居其間當是而則之者爾雅釋言是則也據雅義是與則義同不當重出釋名釋言語是嗜也人嗜樂之也鄭分是與則爲二義亦當以是爲嗜樂之意矣左氏傳作而民實則之鄭箋詩云趙魏之東寔實同聲是即古寔字見秦誓疏及詛楚文然則是實可通左傳疏解爲人民實法則之鄭分是則爲二不當如孔疏所云也鄭以則天明爲視天四時因地利爲因地高下皆與庶人章同蓋鄭以此章所云民即上章所云庶人也此經文與左氏傳子大叔論禮畧同宋儒以爲作孝經者襲左傳文案繁露五行對篇河間獻王謂温城董

君曰孝經曰夫孝天之經地之義何謂也董子治公羊非治左氏傳者獻王得左氏傳爲立博士乃引孝經爲問不引左氏非孝經襲左氏可知延篤仁孝論引夫孝天之經也三句漢書蓺文志曰夫孝天之經也地之義也民之行也舉大者言故曰孝經

以順天下是以其教不肅而成注以用也用天四時地利順治天下下民皆樂之是以其教不肅而成也治要其政不嚴而治注政不煩苛故不嚴而治也治要

疏曰鄭注以用也見首章用天四時地利順治天下承上文言下民皆樂之乃不肅而成之由政不煩苛乃不嚴而治之由教易行則政不煩故下文專言教

先王見教之可以化民也注見因天地教化民之易也治要是故先之以博愛而民莫遺其親注先修人事流化於民也治要陳之以德

義而民興行(注)上好義則民莫敢不服也治要先之以敬讓而民不爭(注)若文王敬讓於朝虞芮推畔於野釋文作田上行之則下效法之治要道之以禮樂而民和睦(注)上好禮則民莫敢不敬治要示之以好惡而民知禁(注)善者賞之惡者罰之民知禁莫敢爲非也治要

疏曰鄭注云見因天地教化民之易者明皇注同避諱改民爲人邢疏曰言先王見天明地利有益於人因之以施化行之甚易也案經云教卽承上文其教而言鄭意亦承上文繁露爲人者天篇引先王見教之可以化民白虎通三教篇曰教者何謂也教者效也上爲之下效之民有質樸不教不成故孝經曰先王見教之可以化民皆引此經宋儒改教爲孝非也云先修人事流化於民也者明皇用王肅注云君愛其親則人化之無有遺其親者邢疏云卽天子章之愛敬盡於事親而德教加於百姓是也義與鄭合云上好義則民莫敢不服者用論語文云若文王敬讓於朝虞芮推畔於野上行之則下效法之者詩緜虞芮質厥成傳曰虞芮之君相與爭田久而不平乃相謂曰西伯仁人也盍往質焉乃相與朝周入其竟則耕者讓畔行者讓路

入其邑男女異路斑白不提挈入其朝士讓爲大夫大夫讓爲卿二國之君感而相謂曰我等小人不可以履君子之庭乃相讓以其所爭田爲閒田而退天下聞之而歸者四十餘國尚書大傳史記周本紀說苑君道篇皆載其事大傳曰文王受命一年斷虞芮之訟鄭注尚書云紂聞文王斷虞芮之訟據書傳爲說也云上好禮則民莫敢不敬者亦論語文云善者賞之惡者罰之民知禁莫敢爲非也者邢疏曰案樂記云先王之制禮樂也將以教民平好惡而反人道之正也故示有好必賞之令以引喻之使其慕而歸善也示有惡必罰之禁以懲止之使其懼而不爲也義與鄭合繁露爲人者天篇引先之以博愛潛夫論斷訟篇引陳之以德義而民興行示之以好惡而民知禁漢書禮樂志引導之以禮樂而民和睦李翕西狹頌引先之以博愛陳之以德義示之以好惡不肅而成不嚴而治

詩云赫赫師尹民具尒瞻（注）師尹若冢宰之屬也女當視民釋文語未覺

疏曰鄭注云師尹若冢宰之屬也者詩傳曰師太師周之三公也尹尹氏爲太師具俱瞻視箋云此言尹氏女居三公之位天

下之民俱視女之所為疏曰尚書周官云太師太傅太保茲惟三公故知太師周之三公也下云尹氏太師是尹氏為太師也孝經注以為冢宰之屬者以此刺其專恣是三公用事者明兼冢宰以統羣職案鄭箋詩云民俱視女此云女當視民者蓋鄭意以為民俱視女所為則女亦當視民以觀民心之向背也

## 孝治章第八

**子曰昔者明王之以孝治天下也不敢遺小國之臣**注昔古也公羊序疏古者諸侯歲遣大夫聘問天子無恙此二字依釋文加天子待之以禮此不遺小國之臣者也治要

疏曰鄭注云昔古也者詩那自古在昔魯語古曰在昔是昔與古同義堯典序昔在帝堯釋文昔古也云古者諸侯歲遣大夫聘問天子無恙者公羊桓元年傳諸侯時朝乎天子何氏解詁曰時朝者順四時而朝也緣臣子之心莫不欲朝朝暮夕王者與諸侯別治勢不得自專朝政故即位比年使大夫小聘三年使上卿大聘四年又使大夫小聘五年一朝王者亦貴得天下

之歡心以事其先王因助祭以述其職故分四方諸侯爲五部部有四輩輩主一時孝經曰四海之內各以其職來助祭尚書曰羣后四朝疏曰注故卽位至小聘此孝經說文聘義亦云天子制諸侯比年小聘三年大聘相厲以禮也是與此合案何君明引孝經徐疏以解詁所云爲孝經說是何所引孝經古說與鄭說同王制曰諸侯之於天子也比年一小聘三年一大聘五年一朝鄭注比年每歲也小聘使大夫大聘使卿朝則君自行然此大聘與朝晉文霸時所制也虞夏之制諸侯歲朝周之制侯甸男采衞要服六者各以服數來朝疏引鄭駮異義云公羊說比年一小聘三年一大聘五年一朝以爲文襄之制錄王制者記文襄之制耳非虞夏及殷法也疏又云按孝經注諸侯五年一朝天子天子亦五年一巡守孝經之注多與鄭義乖違儒者疑非鄭注今所不取錫瑞案鄭君先治今文後治古文注孝經在先用今文說與公羊王制相合自可信據注禮在後惑於古文異說見左氏昭三年傳子太叔言文襄之霸令諸侯三歲而聘五歲而朝與公羊王制說同故疑其是文襄之制又見古尚書說虞夏之制諸侯歲朝古周禮說周之制侯甸男采衞要服六者各以服數來朝遂據古文而疑今文不知古周禮古尚書說未可偏據亦並未言大小聘之歲數鄭云王制作於赧王之後其時左氏未出不得以左氏駁王制且公羊家何必用左

氏義既用左氏又何至誤以文襄之制爲古制乎公羊王制言諸侯事天子之法左氏言諸侯事霸主之法本不合郎如左氏之說又安知文襄剏霸非據諸侯事天子之法爲事霸主法乎鄭義當以孝經注爲定論不必從禮記注鄭注禮箋詩前後違異甚多孔疏執禮注疑孝經注眞一孔之見矣白虎通朝聘篇曰所以制朝聘之禮何以尊君父重孝道也夫臣之事君猶子之事父欲全臣子之恩一統尊君故必朝聘也聘者問也緣臣子欲知其君父無恙又當奉土地所生珍物以助祭是以皆得行聘問之禮也諸侯相朝聘何爲相尊敬也故諸侯朝聘天子無恙法度得無變更所以考禮正刑壹德以尊天子也以聘爲問天子無恙與鄭說同云天子待之以禮此不遺小國之臣也者周禮大行人曰凡大國之孤執皮帛以繼小國之君出入三積不問壹勞朝位當車前不交擯廟中無相以酒禮之其他皆眂小國之君鄭注此以君命來聘者也又曰凡諸侯之卿其禮各下其君二等以下及其大夫士皆如之鄭注此亦以君命來聘者也掌客凡諸侯之卿大夫士爲國客則如其介之禮以待之鄭注言其聘問待之禮如其爲介時也此鄭言天子待聘臣之禮也公羊莊二十五年陳侯使女叔來聘解詁曰稱字者敬老也禮七十雖庶人主孝而禮之孝經曰昔者

明王之以孝治天下也不敢遺小國之臣是也

而況於公侯伯子男乎注古者諸侯五年一朝天子天子使世子郊迎芻禾百車以客禮待之治要晝坐正殿夜設庭燎思與相見問其勞苦也御覽一百四十五當爲王者釋文嚴可均曰按此上下闕疑申說前所云世子也又按釋文當爲于僞反下皆同今此下注爲字未見見闕者尚多又當有公者通也闕侯者侯何伯者長釋文嚴可均曰下當有子者字也闕男者任也闕釋文德不倍者不異其爵功不倍者不異其土故轉相半別優劣禮記王制正義

疏曰鄭注云諸侯五年一朝天子天子使世子郊迎者公羊傳王制尚書大傳白虎通朝聘篇皆云五年一朝朝聘篇曰朝禮奈何諸侯將至京師使人通命於天子天子遣大夫迎之百里之郊遣世子迎之五十里之郊矣覲禮經曰至于郊王使人皮弁用璧勞尚書大傳曰天子太子年十八曰孟侯於四方諸侯來朝迎于郊御覽引大傳曰于郊者問其所不知也問之人民之所好惡地土所生美珍怪異山川之所有無父在時皆知之鄭注孟迎也十八嚮大學爲成人博問庶事是鄭注大傳與注

孝經義同賈公彥儀禮疏引書大傳太子出迎之文以爲異代之制又引孝經鄭注天子使世子郊迎皆異代法非周制也案康誥王若曰孟侯依伏生鄭君之義以孟侯爲呼成王則周初猶沿用世子迎侯之制或周公制禮始改之耳云芻禾百車以客禮待之者周禮掌客凡上公之禮車禾眂死牢牢十車車三秅芻薪倍禾侯伯禾四十車芻薪倍禾子男禾三十車芻薪倍禾據周禮五等之爵禮待不同侯伯以上芻禾合計不止百車此注舉成數而言耳云晝坐正殿夜設庭寮者說文堂殿也釋名釋宮室殿典也有殿鄂也是殿以有殿鄂得名今之殿卽古之堂初學記謂殿之名起於始皇紀作前殿葉大慶攷古質疑引說苑諸書以證古有殿名而所引皆漢人之書案燕禮鄭注云人君爲殿屋疏云漢時殿屋四向流水鄭注禮據漢制言之此注蓋亦據漢制言之詩庭燎箋云於庭設大燭周禮司烜凡邦之大事共墳燭庭燎鄭注門內曰庭燎禮郊特牲庭燎之百由齊桓公始也鄭注僭天子也庭燎之差公蓋五十侯伯子男皆三十此夜設庭燎之制也云思與相見問其勞苦也者周禮大行人上公之禮三問三勞諸侯諸伯之禮再問再勞諸子諸男之禮壹問壹勞鄭注問問不恙也勞謂苦倦之也皆有禮以幣致之此問勞苦之禮也云侯者候伺伯者長男者任也者周禮職方氏注侯爲王者斥候也男任也小祝注侯之言候也蓺

文類聚引援神契曰侯者侯也所以守蕃也公羊疏引元命苞曰侯之言候候逆順兼伺候王命禮疏引元命苞曰男者任功立業白虎通爵篇曰侯者候也候逆順也男者任也風俗通皇霸篇曰伯者長也白也言其咸建五長功實明白獨斷曰男者任也古男與任通禹貢二百里男邦史記作任國是也注此上當有公者通也與白虎通爵篇同嚴說是也白虎通又曰子者孳也孳孳無已也獨斷曰子者滋也禮疏引元命苞曰子者孳恩宣德大戴禮本命釋名釋親屬廣雅釋言史記注引張君相老子注皆云子孳也此注下當有子者孳也一句嚴云子者字也與疏引舊解同舊解云公者正也言正行其事侯者候也言斥候而服事伯者長也爲一國之長也子者字也言字愛於小人也男者任也言任王之職事也疏引舊解不皆鄭注嚴氏補公者通也不從舊解則子者孳也亦不必從舊解矣云德不倍者不異其爵功不倍者不異其土故轉相半別優劣者王制疏引援神契云王者之後稱公大國稱侯皆千乘象雷震百里是取法於雷也其七十里者倍減於百里五十里者倍減於七十里故孝經云云蓋孝經說如此鄭引孝經說爲注也以王制開方之法計之方百里者爲方十里者百是爲千里方七十里者七七四百九十里方五十里者五五二百五十里是方七十里者半於方百里方五十里者半於方七十里所謂轉相半別優

劣也王制疏引元命苞云周爵五等法五精春秋三等象三光説者因此以爲文家爵五等質家爵三等若然夏家文應五等虞家質應三等按虞書輯五瑞修五禮五玉豈復三等乎又禮緯含文嘉云殷爵三等殷正尚白白者兼正中故三等夏尚黑亦從三等按孝經夏制而云公侯伯子男是不爲三等也含文嘉之文又不可用也錫瑞案孔疏以孝經爲夏制者疏於上文中鄭義曰云此地殷所因夏爵三等之制也者以夏會諸侯於塗山執玉帛者萬國若不百里七十里五十里則不得爲萬國也故知夏爵三等之制如此經文不直舉夏時而云殷所因者若經指夏時則下當云萬國不得云凡九州千七百七十三國故以爲殷所因夏爵三等之制也孔疏以萬國是夏制孝經言萬國故謂孝經夏制攷鄭注王制引孝經説曰周千八百諸侯疏云此孝經緯文云千八百者舉成數其實亦千七百七十三諸侯也又鄭駮異義曰萬國者謂唐虞之制也武王伐紂三分有二八百諸侯則殷末諸侯千八百也至周公制禮之後準王制千七百七十三國而言周千八百者舉其成數孔疏云舉成數用駮異義之文穀梁隱八年傳注云周有千八百諸侯疏云見孝經説漢書地理志云周爵五等而土三等蓋千八百國衛宏漢官儀云古者諸侯治民周以上千八百諸侯是也皆與孝經説同蓋孝經古説以爲周有千八百諸侯無萬國孝經言萬

國者乃唐虞夏之制以堯典言協和萬國左傳言禹合諸侯於塗山執玉帛者萬國有明文可據也鄭注禮駁異義皆用其說孔疏亦本鄭旨然公侯伯子男五等之爵則夏時已有之孔疏引五瑞五玉據白虎通是圭璧琮璜璋五禮亦可以吉凶軍賓嘉解之皆非五等塙證其可證者惟禹貢有男邦與諸侯尚書大傳夏傳云五嶽視三公四瀆視諸侯其餘山川視伯小者視子男據此則夏時實有五等之爵蓋所謂質家爵三等者即春秋合伯子男爲一之義爵雖五而實三若文家則判然爲五其實公侯伯子男五等自古皆然

不得疑夏制無公侯伯子男也

**故得萬國之懽心以事其先王**注諸侯五年一朝天子各以其職來助祭宗廟治要天子亦五年一巡狩王制正義勞來釋文上下闕是得萬國之懽心嚴可均曰下當有以字事其先王也治要

疏曰鄭注萬國之義不傳推鄭意不以爲周制說見上云諸侯五年一朝天子各以其職來助祭宗廟者與何君公羊解詁同又白虎通朝聘篇曰謂之朝何朝者見也五年一朝備文德而明禮義也朝用何月皆以夏之孟四月因留助祭說亦相合云

天子亦五年一巡狩者，堯典五載一巡守，王制天子五年一巡守，鄭注天子以海內爲家，時一巡省之，五年者虞夏之制也。白虎通巡守篇曰所以不歲巡守何？爲太煩也。過五年爲太疏也。因天道時有所生，歲有所成，三歲一閏，天道小備，五歲再閏，天道大備，故五年一巡守。三年二伯出述職黜陟。公羊隱八年傳解詁曰王者所以必巡守者，天下雖平，自不親見，猶恐遠方獨有不得其所，故三年一使三公黜陟，五年親自巡守。御覽引逸禮曰所以五年一巡守何？五歲再閏，天道大備是也。錫瑞案白虎通諸說皆不云五年巡守爲虞夏制，蓋今文說此爲古制皆然。鄭注禮見周禮有十有二歲王巡守殷國之文，乃分別五年巡守爲虞夏制。鄭注孝經用今文說，故不分別，其辭當亦以五年爲通制矣。云勞來者，鄭義不完，蓋以爲禮尚往來，諸侯五年一朝天子，亦五年一巡守答其禮，而勞來之，故得萬國之歡心也。

治國者不敢侮於鰥寡，而況於士民乎？（注）治國者，諸侯也。治要丈夫六十無妻曰鰥，婦人五十無夫曰寡也。詩桃夭正義、文選潘安仁關中詩注故得百姓之歡心，以事其先君。

疏曰鄭注云治國者諸侯也者明皇依魏注亦云理國謂諸侯邢疏曰按周禮云體國經野詩曰生此王國是其天子亦言國也易曰先王以建萬國親諸侯是諸侯之國上言明王理天下此言理國故知諸侯之國也云丈夫六十無妻曰鰥婦人五十無夫曰寡也者詩桃夭疏引此注云知如此爲限者以內則云妾雖老年未滿五十必與五日之御則婦人五十不復御明不復嫁故知稱寡以此斷也士昏禮注云姆婦人年五十出而無子者亦出於此也本三十男二十女爲昏婦人五十不嫁男子六十不復娶爲鰥寡之限也巷伯傳曰吾聞男女不六十不閒居謂婦人也內則曰唯及七十同藏無閒謂男子也此其差也

**治家者不敢失於臣妾之心**注治家謂卿大夫明皇注正義云此依鄭注也男子賤稱釋文嚴可均曰按此注上當有臣字下當有妾女子賤稱**而況於妻子乎故得人之歡心以事其親**注小大盡節釋文

疏曰鄭注云治家謂卿大夫者邢疏曰案下章云大夫有爭臣三人雖無道不失其家禮記王制曰上大夫卿則知治家謂卿大夫云男子賤稱當從嚴說上加臣字下加妾女子賤稱句周禮冢宰八曰臣妾聚斂疏材鄭注臣妾男女貧賤之稱晉惠公

卜懷公之生日將生一男一女男爲人臣女爲人妾生而名其男曰圉女曰妾及懷公質於秦妾爲宦女焉云小大盡節者邢疏曰小謂臣妾大謂妻子也

**夫然故生則親安之**〔注〕養則致其樂故親安之也治要**祭則鬼饗之**〔注〕祭則致其嚴故鬼饗之治要

疏曰鄭注云養則致其樂祭則致其嚴者用下紀孝行章文祭義曰養可能也敬爲難敬可能也安爲難又曰君子生則敬養死則敬享祭統曰祭者所以追養繼孝也潛夫論正列篇引此經云由此觀之德義無違神乃享鬼神受享福祚乃隆

**是以天下和平**〔注〕上下無怨故和平治要**災害不生**〔注〕風雨順時百穀成孰治要**禍亂不作**〔注〕君惠臣忠父慈子孝是以禍亂無緣得起也治要**故明王之以孝治天下也如此**〔注〕故上明王所以災害不生禍亂不作以其孝治天下故致於此治要

疏曰鄭注云上下無怨故和平者左氏昭二十年傳曰若有德之君外内不廢上下無怨疏曰此猶如孝經上下無怨也言人臣及民上下無相怨耳服虔云上下謂人神無怨案鄭義當如服虔說與下災害不生意合云風雨順時百穀成孰者洪範曰肅時雨若曰聖時風若歲月日時無易百穀用成是其義也云君惠臣忠父慈子孝是以禍亂無緣得起也者禮運曰父慈子孝兄良弟弟夫義婦聽長惠幼順君仁臣忠十者謂之人義講信修睦謂之人利爭奪相殺謂之人患禮言十義則無爭奪相殺之患也左氏隱四年傳君義臣行父慈子孝兄愛弟敬所謂六順也去順效逆所以速禍也傳言六順則無去順效逆之禍也鄭言禍亂無緣得起歸本於君惠臣忠父慈子孝郎記與傳之意但言君臣父子舉其尤要者耳漢書禮樂志曰於是教化浹洽民用和睦災害不生禍亂不作引此經文

**詩云有覺德行四國順之**（注）覺大也有大德行四方之國順而行之也治要

疏曰鄭注云覺大也者廣雅釋詁一覺大也詩斯干有覺其楹傳有覺言高大也鄭箋云有大德行則天下順從其化與此合

# 孝經鄭注疏卷下

善化皮錫瑞

## 聖治章第九

曾子曰敢問聖人之德無以加於孝乎子曰天地之性人爲貴〔注〕貴其異於萬物也治要人之行莫大於孝〔注〕孝者德之本又何加焉治要

疏曰鄭注云貴其異於萬物也者明皇注同邢疏曰夫稱貴者是殊異可重之名按禮運曰人者五行之秀氣也尚書曰惟天地萬物父母惟人萬物之靈是異於萬物也錫瑞案祭義曰天之所生地之所養無人爲大卽天地之性人爲貴之義曾子大孝文同盧注引孝經曰天地之性人爲貴人之行莫大於孝也云孝者德之本者用開宗明義章文

孝莫大於嚴父〔注〕莫大於尊嚴其父治要嚴父莫大於配天〔注〕尊嚴

其父莫大於配天生事敬愛死爲神主也治要則周公其人也注尊嚴其父配食天者周公爲之治要

疏曰鄭注以嚴爲尊嚴者孟子無嚴諸侯注呂覽審應使人戰者嚴駔也注皆曰嚴尊也禮大傳收族故宗廟嚴注嚴猶尊也漢書平當傳注嚴謂尊嚴是尊嚴同義也云生事敬愛死爲神主者續漢志注引鉤命決曰自外至者無主不止自內出者無匹不行公羊宣三年傳自內出者無匹不行自外至者無主不止何氏解詁曰必得主人乃止者天道闇昧故推人道以接之喪服小記鄭注引自外至者無主不止疏云外至者天神也主者人祖也故祭以人祖配天神也白虎通郊祀篇曰王者所以祭天何緣事父以事天也祭天必以祖配何以自內出無匹不行自外至者無主不止故推其始祖配以賓主順天意也禮運曰禮行於郊而百神受職焉然則郊配天神卽爲百神之主明堂配帝亦同此義或以祖配或以父配皆死爲神主矣云尊嚴其父配食天者周公爲之者邢疏曰禮記有虞氏尚德不郊其祖夏殷始尊祖於郊無父配天之禮也周公大聖而首行之案邢說原本鄭義祭法有虞氏禘黃帝而郊嚳祖顓頊而宗堯夏后氏亦禘黃帝而郊鯀祖顓頊而宗禹殷人禘嚳而郊冥祖契

而宗湯周人禘嚳而郊稷祖文王而宗武王鄭注禘郊祖宗謂祭祀以配食也有虞氏以上尚德禘郊祖宗配用有德者而已自夏已下稍用其姓代之據此則有虞以前配天但用有德不必同姓夏以後雖皆一姓不必其父夏之宗禹殷之宗湯不知其禮定於何時左氏哀元年傳曰祀夏配天書多士君奭皆言殷有配天之禮詩文王云克配上帝而其禮不可攷武王未受命周禮定於周公故經專舉周公而言注亦云周公爲之也漢書平當傳引經天地之性至周公其人也曰夫孝子善述人之志周公旣成文武之業制作禮樂修嚴父配天之事知文王不欲以子臨父故推而序之上及於后稷而以配天此聖人之德亡以加於孝也白虎通引則周公其人也南齊書何佟之議孝經是周公居攝時禮祭法是成王反位後所行故孝經以文王爲宗祭法以文王爲祖又孝莫大於嚴父配天則周公其人也尋此旨甯施成王乎若孝經所說審是成王所行則爲嚴祖何得云嚴父邪

昔者周公郊祀后稷以配天（注）郊者祭天之名治要宋書禮志二后稷者周公始祖治要東方青帝靈威仰周爲木德威仰木帝正義嚴可均曰按此注上

下闕正義云鄭以祭法有周人禘嚳之文變郊爲祀感生之帝謂東方青帝云云詳鄭意蓋以爲配天者配東方天帝非配昊天上帝也周人禘嚳而郊稷禘祀昊天上帝以帝嚳配郊祀感生帝以后稷配

**以后稷配蒼龍精也**

錫瑞案儀禮經傳通解續引鄭注周爲木德下多此八字嚴本遺之今據補

疏曰鄭注云郊者祭天之名后稷者周公始祖者郊特牲曰郊之祭也迎長日之至也大報天而主日也兆於南郊就陽位也於郊故謂之郊據此則郊主爲祭天以祭於郊而卽以郊名之故曰郊者祭天之名經言周公故曰后稷周公始祖也云東方青帝靈威仰周爲木德威仰木帝以后稷配蒼龍精也者大傳王者禘其祖之所自出以其祖配之鄭注大祭其先祖所由生謂郊祀天也王者之先祖皆感太微五帝之精以生蒼則靈威仰赤則赤熛怒黃則含樞紐白則白招拒黑則汁光紀皆用正歲之正月郊祭之蓋特尊焉孝經曰郊祀后稷以配天配靈威仰也宗祀文王於明堂以配上帝汎配五帝也疏曰王者之先祖皆感太微五帝之精以生者案師說引河圖云慶都感赤龍而生堯又云堯赤精舜黃禹白湯黑文王蒼又元命苞云夏白帝之子殷黑帝之子周蒼帝之子是其王者皆感太微五帝之精而生云蒼則靈威仰至汁光紀者春秋緯文耀鉤文云皆用

正歲之正正月郊祭之者案易緯乾鑿度云三王之郊一用夏正云蓋特尊焉者就五帝之中特祭所感生之帝是特尊焉注引孝經云郊祀后稷以配天者證禘其祖之所自出以其祖配之又引宗祀文王於明堂以配上帝者證文王不特配感生之帝而汎配五帝矣據禮記注疏鄭君明引孝經解禮與此注義正同又喪服小記注云始祖感天神靈而生祭天則以祖配之疏云王者夏正禘祭其先祖所從出之天若周之先祖出自靈威仰也禮器魯人將有事於上帝注云上帝周所郊祀之帝謂蒼帝靈威仰也月令祈穀於上帝注云上帝太微之帝也疏云春秋緯文太微爲天庭中有五帝座郊天各祭其所感帝殷祭汁光紀周祭靈威仰也祭法燔柴於泰壇祭天也疏云此祭感生之帝於南郊周禮典瑞四圭有邸以祀天旅上帝注云元謂祀天夏正郊天也上帝五帝所郊亦猶五帝殊言天者尊異之也疏云王者各郊所感帝若周之靈威仰之等即是五帝而殊言天是尊異之以其祖感之而生故也此皆鄭君之義然則經言配天鄭義亦當以爲殊言天者尊異之天即感生之帝而非昊天上帝矣公羊宣三年傳郊則曷爲必祭稷王者必以其祖配何氏解詁曰祖謂后稷周之始祖姜嫄履大人迹所生配食也孝經曰郊祀后稷以配天宗祀文王於明堂以配上帝五帝在太微之中迭生子孫更王天下何君解孝經用感生帝說與

鄭君同詩疏引異義詩齊魯韓春秋公羊說聖人皆無父感天而生許君謹案讖云堯五廟知不感天而生而說文曰姓人所生也古之神聖母感天而生子故稱天子是許君亦用感生帝說矣鄭言后稷感生之義見於詩箋生民履帝武敏歆攸介攸止箋云帝上帝也敏拇也祀郊禖之時時則有大神之迹姜嫄履之足不能滿其拇指之處心體歆歆然其左右所止住如有人道感已者也閟宮赫赫姜嫄其德不回上帝是依箋云依依其身也赫赫乎顯著姜嫄也其德貞正不回邪天用是馮依而降精氣疏引河圖曰姜嫄履大人迹生后稷中候稷起云蒼耀稷生感迹昌苗興云稷之迹乳史記周本紀云姜嫄出野見巨人迹心忻然悅欲踐之踐之而身動如孕者及朞而生棄是鄭義有本也明皇注用王肅說邢疏引其駁鄭義曰案爾雅曰祭天曰燔柴祭地曰瘞薶又曰禘大祭也謂五年一大祭之名又祭法祖有功宗有德皆在宗廟本非郊配若依鄭說以帝嚳配祭圜丘是天之最尊也周之尊帝嚳不若后稷今配青帝乃非最尊實乖嚴父之義也且偏窺經籍並無以帝嚳配天之文若帝嚳配天則經應云禘嚳於圜丘以配天不應云郊祀后稷也天一而已故以所在祭在郊則謂爲圜丘言於郊爲壇以象圓天圜丘卽郊也郊卽圜丘也其時中郎馬昭抗章固執當時勑博士張融質之融稱漢世英儒自董仲舒劉向馬融之倫皆斥

周人之祀昊天於郊以后稷配無如元說配蒼帝也然則周禮圜丘則孝經之郊聖人因尊事天因卑事地安能復得祀帝嚳於圜丘配后稷於蒼帝之禮乎且在周頌思文后稷克配彼天又昊天有成命郊祀天地也則郊非蒼帝通儒同辭肅說爲長

錫瑞案王肅所駮郊特牲孔疏已解之曰王肅以郊丘是一而鄭氏以爲二者案大宗伯云蒼璧禮天典瑞又云四圭有邸以祀天是玉不同宗伯又云牲幣各放其器之色則牲用蒼也祭法又云燔柴於泰壇用騂犢是牲不同也又大司樂云凡樂圜鍾爲宮黃鍾爲角大簇爲徵姑洗爲羽冬日至於地上之圜丘奏之若樂六變則天神皆降上文云乃奏黃鍾歌大呂舞雲門以祀天神是樂不同也故鄭以云蒼璧蒼犢圜鍾之等爲祭圜丘所用以四圭有邸騂犢及奏黃鍾之等以爲祭五帝及郊天所用王肅以郊特牲周之始郊日以至與圜丘同配以后稷鄭必以爲異圜丘又以帝嚳配者鄭以周郊日以至自是魯禮故注郊特牲云周衰禮廢儒者見周禮盡在魯因推魯禮以言周事鄭必知是魯禮非周郊者以宣三年正月郊牛之口傷是魯郊用日至之月案周郊祭天大裘而冕郊特牲云王被衮戴冕璪十有二旒故知是魯禮非周郊也又知圜丘配以帝嚳者案祭法云周人禘嚳而郊稷禘嚳在郊稷之上稷卑於嚳以明禘大於郊又爾雅云禘大祭也大祭莫過於圜丘故以圜丘爲禘

圜丘比郊則圜丘爲大祭法云禘嚳是也若以郊對五時之迎氣則郊爲大故大傳云王者禘其祖之所自出故郊亦稱禘其宗廟五年一祭比每歲常祭爲大故亦稱禘也以爾雅唯云禘爲大祭是文各有所對也孔疏推衍鄭意詳明或即馬昭申鄭之說學者審此可無疑於鄭義矣鄭箴膏肓曰孝經云郊祀后稷以配天言配天不言祈穀者主說周公孝以配天之義本不爲郊祀之禮出是以其言不備

宗祀文王於明堂以配上帝注文王周公之父明堂天子布政之宮治要明堂之制八窗四闥御覽一百八十六上圓下方白孔六帖十在國之南玉海九十五南是明陽之地故曰明堂正義上帝者天之別名也治要史記封禪書集解宋書禮志三又南齊書九作上帝亦天別名嚴可均曰按鄭以上帝爲天之別名也者謂五方天帝別名上帝非即昊天上帝也周官典瑞以祀天旅上帝明上帝與天有差等故鄭注禮記大傳引孝經云郊祀后稷以配天配靈威仰也宗祀文王於明堂以配上帝汎配五帝也又注月令孟春云上帝太微之帝也月令正義引春秋緯紫微宮爲大帝太微宮爲天庭中有五帝座五帝

五精之帝合五帝與天爲六天自從王肅難鄭謂天一而已何得有六後儒依違不定然明皇注此配上帝云五方上帝猶承用鄭義不能改易也

神無二主故異其處避后稷也

史記封禪書集解續漢祭祀志注補又宋書禮志三作明堂異處以避后稷

疏曰嚴說是也文選東京賦注引鉤命決曰宗祀文王於明堂以配上帝五精之神通典引鉤命決曰郊祀后稷以配天地祭天南郊就陽位祭地北郊就陰位后稷爲天地主文王爲五帝宗是孝經緯說以上帝爲五帝鄭義本孝經緯鉤命決也鄭君以北極大帝爲皇天太微五帝爲上帝合稱六天故五帝亦可稱天鄭不以五帝解上帝而必云天之別名者欲上應嚴父配天之經文其意實指五帝與祭法注引此經以證祖宗之祭同意天與上帝之異猶周禮典瑞注云上帝五帝所郊亦猶五帝殊言天者尊異之也上帝兼舉五帝故云天之別名云明堂天子布政之宮云云者本孝經緯援神契文禮記疏引異義講學大夫淳于登說明堂在國之陽丙巳之地三里之外七里之内而祀之就陽位上圓下方八窗四闥布政之宮周公祀文王於明堂以配上帝上帝五精之神太微之庭中有五帝座星鄭君云淳于登之言取義於援神契援神契說宗祀文王於明堂以

配上帝曰明堂者上圓下方八窗四闥布政之宮在國之陽帝者諦也象上可承五精之神五精之神實在太微於辰爲巳是以登云然今漢立明堂於丙巳由此爲也據此則鄭君此注皆本援神契古義矣大戴禮盛德篇曰一室而有四戶八牖上圓下方桓譚新論曰上圓法天下方法地八窗法八風四達法四時白虎通曰明堂上圓下方八窗四闥布政之宮在國之陽三輔黃圖曰明堂所以正四時出教化天子布政之宮也上圓象天下方法地八窗即八牖也四闥者象四時四方也皆與鄭合隋書禮儀志梁武帝制曰鄭元據援神契亦云上圓下方又云八窗四闥武帝以爲鄭說據援神契冣塙錫瑞案鄭云八窗四闥與盛德記似同實異盛德記曰凡九室一室而有四戶八牖三十六戶七十二牖鄭駮之云戴禮所說雖出盛德記其下顯與本章異九室三十六戶七十二牖似呂不韋所益非古制也鄭據攷工五室之文不信盛德九室之說則一室雖有八窗四闥合計之不得有三十六戶七十二牖矣明堂祀五精帝當以鄭君五室之義爲長漢人說明堂者多與鄭異異義古周禮孝經說明堂文王之廟夏后氏世室殷人重屋周人明堂東西九筵筵九尺南北七筵堂崇一筵五室凡室二筵案許君嘗受魯國三老古文孝經其說別無所見此所引皆攷工記文故與古周禮同五室之說鄭所遵用云明堂文王之廟則與鄭義不合

鄭志趙商問曰說者謂天子廟制如明堂是爲明堂卽文廟耶答曰明堂主祭上帝以文王配耳猶如郊天以后稷配也據此則鄭不以明堂爲文廟也孔牢等以爲明堂辟雍太學其實一也馬宮王肅亦以爲同一處盧植又兼太廟言之蔡邕以爲清廟太廟太室明堂太學辟雍異名同事穎容又兼靈臺言之案玉藻聽朔於南門之外鄭注天子廟及路寢皆如明堂制明堂在國之陽每月就其時之堂而聽朔焉卒事反宿路寢亦如之鄭君此注分別㝡晰廟及路寢如明堂制則不得與明堂合爲一矣明堂聽朔反宿路寢明堂非路寢更可知惟太學辟雍古說以爲與明堂同處魏文侯孝經傳曰大學者中學明堂之位也此孝經說之㝡古者禮記昭穆篇曰大學明堂之東序也盛德篇曰明堂其外水環之曰辟雍封禪書曰天子曰明堂辟雍諸侯曰泮宮白虎通曰禮三老於明堂以教諸侯孝也禮五更於大學以教諸侯弟也韓詩說辟雍者天子之學圓如璧雍之以水示圓言辟取辟有德所以教天下春射秋饗尊事三老五更在南方七里之內立明堂於中鄭駁異義云王制小學在公宮南之左大學在郊天子曰辟雍諸侯曰泮宮然則大學卽辟雍也大雅靈臺一篇之詩有靈臺有靈囿有靈沼有辟廱其如是也則辟雍及三靈皆同處在郊矣鄭謂辟雍大學三靈同處在郊其說至塙而又云大學在西郊王者相變之宜則與明堂

在南郊不同鄭必以爲在西郊者由泥於王制之文鄭以王制
上庠下庠之類一是大學一是小學故謂三代相變周大學當
在國案大學在郊三代所同上庠下庠之類卽天子四學之異
名皆在明堂四門之塾不當分大學小學在郊在國鄭駁異義
已云大學在郊與王制注不同是王制注非定論駁異義云西
郊亦未盡是大學明堂據魏文侯傳當同一處韓詩說在南方
七里之内正與鄭用援神契說明堂在南方七里之内符同可
據孝經傳與孝經緯以補鄭義所未及也明皇注明堂天子布
政之宫也周公因祀五方上帝於明堂乃尊文王以配之也邢
疏曰明堂天子布政之宫也者按禮記明堂位昔者周公朝諸
侯於明堂之位天子負斧依南鄉而立明堂也者明諸侯之尊
卑也制禮作樂頒度量而天下大服知明堂是布政之宫也云
周公因祀五方上帝於明堂乃尊文王以配之也者五方上帝
卽是上帝也謂以文王配五方上帝之神侑坐而食也按鄭注
論語云皇皇后帝並謂太微五帝在天爲上帝分王五方爲五
帝舊說明堂在國之南去王城七里以近爲媟南郊去王城五
十里以遠爲嚴五帝卑於昊天所以於郊祀昊天於明堂祀上
帝也五帝謂東方青帝靈威仰南方赤帝赤熛怒西方白帝白
招拒北方黑帝汁光紀中央黃帝含樞紐鄭元云明堂居國之
南南是明陽之地故曰明堂按史記云黃帝接萬靈於明庭明

庭即明堂也鄭元據援神契云明堂上圜下方八牖四闥上圜象天下方法地八牖者即八節也四闥者象四方也此言宗祀於明堂謂九月大享靈威仰等五帝以文王配之即月令云季秋大享帝注云徧祭五帝以其上言舉五穀之要藏帝籍之收於神倉九月西方成事終而報祭也錫瑞按明皇注於上文郊祀用王肅說故與鄭異此注遵用鄭義邢疏申注亦明鄭注祭法云祭上帝於南郊曰郊祭五帝五神於明堂曰祖宗祖宗通言爾孝經曰宗祀文王於明堂以配上帝郊祭一帝而明堂祭五帝小德配寡大德配衆亦禮之殺也疏引雜問志云春曰其帝大皞其神句芒祭蒼帝靈威仰太皞食焉句芒祭之於庭祭五帝於明堂五德之帝亦食焉又以文武配之祭法祖文王而宗武王此謂合祭於明堂漢以正禮散亡禮戴文殘缺不審周以何月也於月令以季秋詩我將序我將祀文王於明堂也疏云此言祀文王於明堂即孝經所謂宗祀文王於明堂以配上帝是也文王之配明堂其祀非一此言祀文王於明堂謂大享五帝於明堂也曲禮曰大饗不問卜注云大饗五帝於明堂莫適卜月令季秋是月也大享帝注云言大享者徧祭五帝曲禮曰大饗不問卜謂此也是於明堂有總祭五帝之禮但鄭以月令爲秦世之書秦法自季秋周法不必然矣故雜問志云不審周以何月於月令則季秋據此則鄭君不堅持季秋爲宗祀明

堂之月邢疏申鄭尚未審也注云神無二主故異其處避后稷也者神主即上文注云死爲神主義見上鄭以文王功德本應配天南郊因周已有后稷配天神不容有二主又不可同一處文王周受命祖祭之宗廟以鬼享之不足以昭嚴敬故周公舉行宗祀明堂之禮而宗文王以配上帝於是嚴父配天之道得盡異事異處於尊后稷兩不相妨鄭注明堂位昔者周公朝諸侯於明堂之位云不於宗廟辟王也朝諸侯本應在宗廟不於宗廟而於明堂者所以避成王文王本應配天南郊不於南郊而於明堂者所以避后稷其義一也鄭注周易殷薦之上帝以配祖考曰上帝天帝也以配祖考者使與天同饗其功也故孝經云郊祀后稷以配天宗祀文王於明堂以配上帝是也漢書郊祀志元始五年王莽奏言王者父事天故爵稱天子孔子曰人之行莫大於孝孝莫大於嚴父嚴父莫大於配天王者尊其考欲以配天緣考之意欲尊祖推而上之遂及始祖是以周公郊祀后稷以配天宗祀文王於明堂以配上帝據此則尊祖正由尊父之義推之與平當云知文王不欲以子臨父故推而序之意同皆得經旨不然經言嚴父配天但言宗祀文王不必言郊祀后稷矣

**是以四海之內各以其職來助祭**舊脱助字依禮器正義加（注）周公行孝於朝

治要脫於字依釋文加越裳重譯來貢是得萬國之歡心也治要

疏曰經云助祭承宗祀文王言詩清廟序清廟祀文王也周公既成洛邑朝諸侯率以祀文王焉疏云既成洛邑在居攝五年其朝諸侯則在六年明堂位所云周公踐天子之位以治天下六年朝諸侯於明堂即此時也言率之以祀文王則朝者悉皆助祭詩曰肅雍顯相箋云諸侯有光明著見之德者來助祭尚書大傳洛誥傳曰於卜洛邑營成周改正朔立宗廟序祭祀易犧牲制禮樂一統天下合和四海而致諸侯皆莫不依紳端冕以奉祭祀者天下諸侯之悉來進受命於周而退見文武之尸者千七百七十三諸侯皆莫不磬折玉音金聲玉色然後周公與升歌而弦文武諸侯在廟中者伋然淵其志和其情愀然若復見文武之身然後曰嗟子乎此蓋吾先君文武之風也夫故周人追祖文王而宗武王也伏傳所言即此經四海之內助祭之事云千七百七十三諸侯正與王制鄭注引孝經說周千八百諸侯舉成數者相符漢書王莽傳云周公居攝郊祀后稷以配天宗祀文王於明堂以配上帝是以四海之內各以其職來助祭蓋諸侯千八百矣云千八百諸侯與鄭說合經云宗祀文王伏傳言祖文宗武不同者韋昭國語注云周公初時祖后稷而宗文王至武王雖承文王之業有伐紂定天下之功其廟不

可以毀故先推后稷以配天而後更祖文王而宗武王然則此
經據周公初定之禮而言亦以上言嚴父配天故專舉文王也
鄭注云周公行孝於朝越裳重譯來貢是得萬國之歡心也者
尚書大傳曰交阯之南有越裳國周公居攝六年制禮作樂天
下和平越裳以三象重譯而獻白雉曰道路悠遠山川阻深音
使不通故重譯而朝成王以歸周公公曰德不加焉則君子不
饗其質政不施焉則君子不臣其人吾何以獲此賜也其使請
曰吾受命吾國之黃耇曰久矣天之無別風淮雨意者中國有
聖人乎有則盍往朝之周公乃歸之於王稱先王之神致以薦
於宗廟即其事也鄭必以越裳來貢證得萬國之歡心者以經
言萬國又言四海之內據孝經說周九州內惟有千八百諸侯
不足萬國之數越裳在九州外不在千八百諸侯之中乃可舉
爲得萬國歡心之證亦與四海之內各以其職助祭相合周禮
大行人九州之外謂之蕃國各以其所貴寶爲贄即越裳白雉
之類越裳之來雖非助祭然公旣以薦宗廟即與助祭有合且
事在居攝六年正周公朝諸侯於明堂之時鄭義似泛而實切
也漢書郊祀志引郊祀后稷至各以其職來助祭
後漢班彪傳注公羊僖十五年疏引皆有助字

夫聖人之德又何以加於孝乎（注）孝弟之至通於神明豈聖人所

能加治要

疏曰白虎通聖人篇引此經爲周公聖人之證鄭注云孝弟之至通於神明者用感應章文鉤命決曰孝悌之至通於神明則鳳皇巢論衡程材篇引孔子曰孝悌之至通於神明漢武梁祠畫象贊曰曾子質孝以通神明亦據感應章也孟子曰堯舜之道孝弟而已矣故曰豈聖人所能加

故親生之膝下以養父母日嚴注致其樂釋文嚴可均曰按上當有養以二字下闕聖人因嚴以教敬因親以教愛注因人尊嚴其父教之爲敬因親近於其母教之爲愛順人情也治要聖人之教不肅而成注聖人因人情而教民民皆樂之故不肅而成也治要其政不嚴而治注其身正不令而行故不嚴而治也治要其所因者本也注本謂孝也治要

疏曰漢書藝文志曰故親生之膝下諸家說不安處古文字讀皆異是此經本不易解鄭注殘缺未審其義云何明皇注云親

愛之心生於孩幼，比及年長，漸識義方，則日加尊嚴，其說亦不安，恐非鄭義也。鄭注云「因人尊嚴其父，教之爲敬；因親近於其母，教之爲愛，順人情也」者，以敬屬父，以愛屬母，義本士章「資於事父以事母而愛同，資於事父以事君而敬同」，故知愛敬當分屬父母。鄭注天子章「愛敬盡於事親」，亦云「盡愛於母，盡敬於父」也。孟子言良知良能，孩提知愛，長知敬，是人情本具有愛敬之理，聖人因而教之，乃順人情也。云「聖人因人情而教民，民皆樂之」者，承上文言。云「其身正，不令而行」者，用論語文。此經與三才章文同義異，三才章承上「則天明，因地利」而言，此經承上「因嚴教敬，因親教愛」而言，皆有所因，故政教易行，鄭注並云「民皆樂之」，具得經旨。云「本謂孝也」者，開宗明義章曰「夫孝，德之本也」，鄭以「人之行莫大於孝」解之，此章上文曰「人之行莫大於孝」，故云本謂孝矣。

父子之道，天性也。注：性，常也。治要君臣之義也。注：君臣非有天性，但義合耳。治要

疏曰：鄭注云「性，常也」者，白虎通性情篇曰：「五性者何？謂仁、義、禮、智、信也。」是五性即五常，故性可云常也。云「君臣非有天性，但義

合也者莊子人間世引仲尼曰天下有大戒二其一命也其一義也子之愛親命也不可解於心臣之事君義也無適而非君也無所逃於天地之間是之謂大戒鄭分父子君臣爲二實本此義且與下文父母生之君親臨之正合明皇注云父子之道天性之常加以尊嚴又有君臣之義併爲一讀與下文不合矣

父母生之續莫大焉注父母生之骨肉相連屬復何加焉治要

君親臨之厚莫重焉注君親擇賢顯之以爵寵之以祿厚之至也治要

疏曰鄭注云父母生之骨肉相連屬者詩小弁不屬于毛不離于裏傳云毛在外陽以言父裏在內陰以言母疏云屬者父子天性相連屬離者謂所離歷言稟父之氣歷母而生也云君親擇賢顯之以爵寵之以祿者王制凡官民材必先論之論辨然後使之任事然後爵之位定然後祿之鄭注論謂考其德行道藝辨謂考問得其定也爵謂正其秩次與之以常食擇賢卽考德行道藝爵祿卽秩次常食也風俗通汝南封祈下引君親臨之二句

故不愛其親而愛他人者謂之悖德注人不愛其親而愛他人之

親者之字依下注加謂之悖德治要不敬其親而敬他人者謂之悖禮注不能敬其親而敬他人之親者謂之悖禮也治要以順則逆注以悖爲順則逆亂之道也治要民無則焉注則法治要不在於善而皆在於凶德注惡人不能以禮爲善乃化爲惡若桀紂是也治要雖得之君子所不貴明皇本無所字貴下有也字注不以其道故君子不貴治要

疏曰經文但云愛他人敬他人鄭以爲愛他人之親敬他人之親者猶天子章云愛親者不敢惡於人敬親者不敢慢於人鄭注亦以人爲人之親皆以補明經旨說甚諦當鄭解上文因嚴教敬因親教愛以敬愛分屬父母言則此云愛他人之親亦當分屬母敬他人之親亦當分屬父矣明皇注用孔傳邢疏申之曰君自不行愛敬而使天下人行說與經文不合如其說當改經文爲不愛其親而使他人愛不敬其親而使他人敬其義乃可通也云則法者釋詁文云惡人不能以禮爲善乃化爲惡若桀紂是也者經上文云悖德悖禮此言凶德不言禮故云不能以禮爲善以補明經義必舉桀紂者鄭注曲禮敖不可長四句

亦云桀紂所以自禍以桀紂不善人所共知舉之使人易曉也
注雖得之君子所不貴爲不以其道者用論語文邢疏云言人
君如此是雖得志居臣人之上幸免篡弑
之禍亦聖人君子之所不貴言賤惡之也

君子則不然言思可道注君子不爲逆亂之道言中詩書故可傳道也治要行思可樂注動中規矩故可樂也治要德義可尊注可尊法也治要作事可法注可法則也治要容止可觀注威儀中禮故可觀治要進退可度注難進而盡忠易退而補過治要以臨其民是以其民畏而愛之注畏其刑罰愛其德義治要則而象之注傚釋文上下闕故能成其德教注漸也釋文上闕而行其政令注不令而伐謂之暴釋文上下闕

疏曰鄭注云君子不爲逆亂之道者承上以悖爲順逆亂之道而言云言中詩書故可傳道也者論語子所雅言詩書孝經一引書餘皆引詩卽言中詩書也云動中規矩故可樂也者玉藻曰周還中規折還中矩鄭注反行也宜圜曲行也宜方是動中

規矩也云威儀中禮者明皇注亦云容止威儀也邢疏曰容止謂禮容所止也漢書儒林傳云魯徐生善爲容以容爲禮官大夫是也威儀即儀禮也中庸云威儀三千是也春秋左氏傳曰有威而可畏謂之威有儀而可象謂之儀云難進而盡忠易退而補過者難進易退用表記子曰事君難進而易退則位有序之文盡忠補過用事君章文鄭蓋以此章君子不專屬人君言如卿大夫亦可言臨民也云畏其刑罰愛其德義者三才章曰陳之以德義而民興行示之以好惡而民知禁鄭注善者賞之惡者罰之民知禁莫敢爲非也是賞罰與德義並重聖人教民未嘗不用刑罰故下有五刑章所以使民畏也鄭注德教政令二句殘闕其意似以德教當以漸致政令不宜暴施君子知其如此故能成其德教而行其政令也繁露五行對篇引行思可樂容止可觀漢書匡衡傳引孔子曰

德義可尊容止可觀至則而象之

詩云淑人君子其儀不忒（注）淑善也忒差也善人君子威儀不差可法則也治要

疏曰鄭注云淑善也者釋詁文鄭君箋詩亦云淑善箋詩云執義不疑順毛傳忒疑也之義此詁忒爲差與箋詩異者易觀觀

天之神道而四時不忒虞注豫而四時不忒釋文引鄭注左氏文二年傳享祀不忒注禮記大學其儀不忒疏呂覽先已其儀不忒注廣雅釋詁四皆云忒差也

## 紀孝行章第十

子曰孝子之事親也治要無也字依明皇本加居則致其敬【注】也盡釋文嚴可均曰按明皇注云平居必盡其禮則也當作必字禮也釋文嚴可均曰按禮上當有其敬釋文云一本作盡其敬也又一本作盡其敬禮也養則致其樂【注】樂竭歡心以事其親治要病則致其憂【注】色不滿容行不正履明皇注正義曰此依鄭義也喪則致其哀【注】擗踊哭泣盡其哀情北堂書鈔原本九十三居喪哀字依明皇注加正義曰此依鄭注也祭則致其嚴【注】齊必變食居必遷坐敬忌踧踖若親存也北堂書鈔原本八十八祭祀總陳本書鈔引鄭注齋戒沐浴明發不寐與明皇注同

疏曰鄭注盡禮非全文蓋以禮解敬字邢疏引禮記内則云子事父母雞初鳴咸盥漱至於父母之所敬進甘脆而後退又祭義曰養可能也敬爲難是也云樂竭歡心以事其親者檀弓曰啜菽飲水盡其歡斯之謂孝内則曰下氣怡聲問所欲而敬進之柔色以温之鄭注温藉也承尊者必和顔色是也云色不滿容行不正履者邢疏曰禮記文王世子云王季有不安節則内豎以告文王文王色憂行不能正履又下文記古之世子亦朝夕問於内豎其有不安節世子色憂不滿容此注減憂能二字者以此章通於貴賤雖儗人非其倫亦舉重以明輕之義也案玉藻云親癠色容不盛亦色不滿容之謂云擗踊哭泣盡其哀情者邢疏曰並約喪親章文其義奥於彼云齊必變食居必遷坐敬忌踧踖若親存也者齊必變食二句見論語鄉黨孔注改常饌易常處鄉黨又云踧踖如也馬注踧踖恭敬之貌論語八佾曰祭如在孔注祭死如事生祭義曰文王之祭也事死者如事生中庸曰事死如事生事亡如事存孝之至也此若親存之義也

五者備矣然後能事親事親者居上不驕注雖尊爲君而不驕也

治要爲下不亂注爲人臣下不敢爲亂也治要在醜不爭注忿爭爲醜

醜類也以爲善不忿爭也嚴可均曰治要有按語云忿爭爲醜疑有差誤今按以爲善亦有脫誤據下文
在醜而爭注朋友中好爲忿爭此當云朋友爲醜曲禮在醜夷不
爭注醜衆也夷猶儕也義亦不殊據諫爭章士有爭友注以賢友
助己此當云助己爲善已已形近以卽已脫一助字存疑俟定居上而驕則亡注富貴不以其道
是以驕亡也治要爲下而亂則刑注爲人臣下好爲亂則刑罰及其
身也治要無也字依釋文加在醜而爭則兵注朋友中好爲忿爭者惟兵刄
之道治要三者不除雖日用三牲之養猶爲不孝也注夫愛親者不
敢惡於人之親今反驕亂忿爭雖日致三牲之養豈得爲孝乎治要
疏曰居上不驕與諸侯章文同故鄭注以尊爲君解居上注云
爲人臣下不敢爲亂者論語曰其爲人也孝弟而好犯上者鮮
矣不好犯上而好作亂者未之有也表記曰事君可貴可賤可
富可貧可生可殺而不可使爲亂云忿爭爲醜有誤嚴說是云
醜類也者易離獲匪其醜虞注禮哀公問節醜其衣服注國語
周語況爾小醜楚語官有十醜爲億醜注孟子公孫丑地醜德

齊注爾雅釋草蘩之醜注廣雅釋詁三皆曰醜類也以爲善嚴說近是云富貴不以其道是以取亡也者諸侯章高而不危所以長守貴也滿而不溢所以長守富也此言不以守富守貴之道則富貴不能長守矣云爲人臣下好爲亂則刑罰及其身也者鄭言五刑之目見下五刑章其他如王制之四誅士師之八成皆臣下好亂刑罰及身者矣云朋友中好爲忿爭惟兵刄之道者邢疏云言處儕衆之中而每事好爭競或有以刄相讎害也云愛親者不敢惡於人之親者見天子章邢疏云三牲牛羊家也言奉養雖優不除驕亂及爭競之事使親常憂故非孝也

## 五刑章第十一

子曰五刑之屬三千〔注〕五刑者謂墨劓臏宮割大辟也治要科條三千釋文謂劓嚴可均曰按劓當作墨當云墨之屬千墨嚴可均曰按當作劓當云劓之屬千下當有臏之屬五百宮割嚴可均曰按當云宮割之屬三百大辟嚴可均曰按當云大辟之屬二百也穿窬盜竊者劓釋文云與周禮注不同嚴可均曰按劓當作墨刼賊傷人者墨釋文云義與周禮注不同嚴可均曰按墨當作劓男女

不以禮交者宮割壞人垣牆開人關闔者臏釋文云與周禮竝同微異嚴可均曰按男女至宮割九字當在臏字之下周禮司刑二千五百罪以墨劓宮刖殺爲次弟呂刑以墨劓剕宮大辟爲次弟刖剕即臏也此經言五刑之屬三千明依呂刑治要載鄭注次弟不誤釋文改就周禮非

手殺人者大辟釋文云亦與周禮注不同嚴可均曰按周禮注者司刑注引書傳也書傳是伏生今文說鄭受古文與伏生說不同司刑注云其刑書則亡明所說目畧衰周法家追定周初未必有之鄭亦據法家爲說各有所本不必强同而鄭意又有可推得者唐虞象刑呂刑用罰爲刑法家之說雖無害於經究未足以說經故注呂刑無此目畧陸爲先陸所誤抉擇異同實爲隔礙或難曰書鄭本亡何以知呂刑注無此目畧答曰陸稱與周禮注不同不稱與書注不同足以明之

疏曰鄭注云墨劓臏宮割大辟也者白虎通五刑篇曰墨者墨其額也劓者劓其鼻也臏小字本作髕者脫其臏也宮者女子淫執置宮中不得出也割者加二字從王引之說丈夫淫割去其勢也大辟者謂死也錫瑞案鄭君此注引今文尚書甫刑篇文穿窬盜竊罪輕劫賊傷人罪重刑法墨輕劓重嚴氏謂劓當作墨墨當作劓是也古文尚書劓刖椓黥刖俗譌刵從王引之說改正說文引周書作刖劓㓺黥夏侯等

書作臏宮割劓（俗譌臏宮劓割王引之說改正）從頭庶剠是古文作刖今文作臏之明證漢書刑法志白虎通五刑篇皆從今文作臏鄭注周禮司刑云臏辟不云剕辟亦從今文尚書也孝經本今文說引甫刑不作呂刑是其證緯書多同今文鄭注孝經如社稷明堂大與禮皆從孝經緯文是鄭君用今文說作注此注云臏宮割與夏侯等書作臏宮割正合則此注乃用今尚書甫刑篇無疑鄭注古周禮猶引用伏生大傳豈有注今孝經反用古文尚書者哉鄭用今文尚書而此注與伏生大傳不盡同者蓋鄭別有所本疑即本漢律文漢興高祖入關約法三章曰殺人者死傷人及盜抵罪鄭云手殺人者大辟即殺人者死也刼賊傷人與穿窬盜竊即傷人及盜也刼賊傷人者劓與伏傳姦軌盜攘傷人者其刑劓合但少觸易君命革輿服制度二語男女不以禮交者宮割與伏傳同壞人垣牆開人關闔者臏亦與伏傳決關梁踰城郭而畧盜者其刑臏相近惟伏傳云非事而事之出入不以道義而誦不詳之辭者其刑墨降畔寇賊刼畧奪攘撟虔者其刑死此注不盡用其義耳並未嘗截然不合也伏傳五刑之目或出古法家言蕭何攈秦法作律九章不必盡與之合故鄭君此注與周禮注又有異同鄭注禮箋詩前後不同者甚多不當以此致疑陸氏疑其與周禮注不同固屬一孔之見嚴氏不攷今古文異同之義乃云鄭用古文亦未免强作解事鄭注

周禮云此二千五百罪之目畧也其刑書則亡謂刑書亡而二千五百之條所以用刑者不可盡知故僅存此二千五百之目畧非謂並此五刑之目畧亦不可知故鄭君不敢以此注尚書也嚴說殊誤周禮疏引孝經緯云上罪墨蒙赭衣雜屨中罪赭衣雜屨下罪雜屨而已此緯說解五刑篇之文與伏生大傳上刑赭衣不純中刑雜屨下刑墨蒙畧同是孝經緯用今文說之證也

而罪莫大於不孝要君者無上注事君先事而後食祿今反要之此無尊上之道治要非聖人者無法注非侮聖人者不可法治要非孝者無親注已不自孝又非他人爲孝嚴可均曰釋文作人行者一本作非孝行合二本訂之或此當云又非他人行孝者不可親治要此大亂之道也注事君不忠侮聖人言非孝者大亂之道也治要

疏曰罪莫大於不孝鄭無明文據周禮掌戮凡殺其親者焚之鄭注焚燒也易曰焚如死如棄如疏引鄭易注曰震爲長子爻

失正不知其所如不孝之罪五刑莫大焉得用議貴之辟刑之若如所犯之罪焚如殺其親之刑死如殺人之刑也棄如流宥之刑也又周禮大司徒以鄉八刑糾萬民一曰不孝之刑疏云一曰不孝之刑者有不孝於父母者則刑之孝經不孝不在三千者深塞逆源此乃禮之通教賈公彥以爲不孝在三千條外當據鄭注孝經文五刑三千極重者不過大辟鄭云死如殺人之刑與此注云手殺人者大辟正合若焚如之刑更重於大辟當在三千條外是殺其親者不在五刑三千中矣邢疏云舊注說及謝安袁宏王獻之殷仲文等皆以不孝之罪聖人惡之云在三千條外此失經之意也案上章云三者不除雖日用三牲之養猶爲不孝此承上不孝之後而云三千之罪莫大於不孝是因其事而便言之本無在外之意案檀弓云子弑父凡在宮者殺無赦殺其人壞其室洿其宮而豬焉旣云學斷斯獄則明有條可斷也邢引舊說未知卽鄭義否而據鄭義不當如邢氏所云也注云事君先事而後食祿今反要之此無尊上之道者表記子曰事君三違而不出竟則利祿也人雖曰不要吾弗信也鄭注違猶去也利祿言爲貪祿留也臣以道去君至於三而不遂去是貪祿必以其強與君要也注義與禮注畧同云非侮聖人者不可法者論語侮聖人之言注不可小知故侮之疏侮聖人之言者侮謂輕慢聖人之言不可小知故小人輕慢之而

不行也云已不自孝又非他人爲孝不可親者詩既醉孝子不匱永錫爾類箋云永長也孝子之行非有竭極之時長以與女之族類謂廣之以教道天下也春秋傳曰潁考叔純孝也施及莊公據此則能自孝者必教他人爲孝而不自孝者反非他人爲孝與潁考叔正相反矣呂覽引商書曰刑三百罪莫大於不孝三百疑三千之誤風俗通曰又有不孝之罪並編十惡之條公羊文十六年傳解詁曰無尊上非聖人不孝者斬首梟之

## 廣要道章第十二

子曰教民親愛莫善於孝教民禮順莫善於悌注人行之次也釋文移風易俗莫善於樂注夫樂者感人情者也者也二字依釋文加樂正則心正樂淫則心淫也治要惡鄭聲之亂雅樂也釋文上闕安上治民莫善於禮注上好禮則民易使也治要釋文

疏曰鄭注云人行之次也者大戴禮衛將軍文子篇孔子曰孝德之始也弟德之序也次與序義近孝爲德之始而悌之德次

於孝孝經本言孝而次卽言悌故曰人行之次也云夫樂者感人情者也樂正則心正樂淫則心淫也者樂記樂者音之所由生也其本在人心之感於物也是故其哀心感者其聲噍以殺其樂心感者其聲嘽以緩其喜心感者其聲發以散其怒心感者其聲粗以厲其敬心感者其聲直以廉其愛心感者其聲和以柔六者非性也感於物而後動又曰樂也者聖人之所樂也而可以善民心其感人深其移風易俗故先王著其教焉夫民有血氣心知之性而無哀樂喜怒之常應感起物而動然後心術形焉是故志微噍殺之音作而民思憂嘽諧慢易繁文簡節之音作而民康樂粗厲猛起奮末廣賁之音作而民剛毅廉直勁正莊誠之音作而民肅敬寬裕肉好順成和動之音作而民慈愛流辟邪散狄成滌濫之音作而民淫亂皆與鄭義相發明云惡鄭聲之亂雅樂也者用論語文鄭聲古說有二樂記疏引異義今論語說鄭國之爲俗有溱洧之水男女聚會謳歌相感故云鄭聲淫左氏說煩手淫聲謂之鄭聲者言煩手躑躅之聲使淫過矣許君謹案鄭詩二十一篇說婦人者十九故鄭聲淫也疏云鄭駁無從許義案鄭云樂淫心淫又引以爲移風易俗之證當同許義以鄭爲鄭國也白帖引通義云鄭國有溱洧之水會聚謳歌相感今鄭詩二十一篇說婦人者十九故鄭聲淫也又云鄭重之音使人淫故也白虎通禮樂篇云孔子曰鄭聲

淫何鄭國土地民人山居谷浴男女錯雜爲鄭聲以相誘悅懌故邪僻聲皆淫色之聲也是劉子政班孟堅皆主鄭國之說故鄭君亦主之云上好禮則民易使也者論語文曲禮曰君臣上下父子兄弟非禮不定班朝治軍涖官行法非禮威嚴不行故安上治民莫善於禮矣風俗通序引孝經移風易俗二句續漢書蔡邕禮樂志亦引之漢書禮樂志白虎通禮樂篇呂氏春秋仲春紀高注徐幹中論藝紀皆引安上治民莫善於禮移風易俗莫善於樂禮在樂上與經文異惟劉向說苑修文引孔子曰移風易俗四句與經同漢志與王吉傳皆引安上治民二句

禮者敬而已矣（注）敬者禮之本有何加焉治要故敬其父則子說治要作悅今依釋文下皆同敬其兄則弟說敬其君則臣說敬一人而千萬人說（注）盡禮以事釋文語未竟所敬者寡而所說者衆（注）所敬一人是其少千萬人說是其衆治要此之謂要道也（注）孝弟以教之禮樂以化之此謂要道也治要

疏曰鄭注云敬者禮之本者曲禮曰毋不敬鄭注禮主於敬疏曰孝經云禮者敬而已矣是也鄭目錄云曲禮之中體含五禮皆云曲禮曰毋不敬則五禮皆須敬故鄭云禮主於敬然五禮皆以拜爲敬禮則祭極敬主人拜尸之類是吉禮須敬也拜而後稽顙之類是凶禮須敬也主人拜迎賓之類是賓禮須敬也軍中之拜肅拜之類是軍禮須敬也冠昏飲酒皆有賓主拜答之類是嘉禮須敬也兵車不式乘玉路不式鄭云大事不崇曲敬者謂敬天神及軍之大事故不崇曲小之敬熊氏以爲唯此不敬者恐義不然也鄭云盡禮以事文不完當即下章注云父事三老兄事五更郊則君事天廟則君事尸之禮蓋言天子敬人之父敬人之兄敬人之君惟此等禮有之至德要道兩章義本相通也云所敬一人是其少千萬人說是其衆者承上文敬一人而千萬人說而言鄭意蓋屬泛論舊注依孔傳云一人謂父兄君千萬人謂子弟臣鄭意似不然也云孝弟以教之禮樂以化之此謂要道也者鄭以要道屬禮樂此章主廣要道鄭必兼言孝弟者以二章義相通經言敬父敬兄仍是孝弟中事故也

## 廣至德章第十二

子曰君子之教以孝也非家至而日見之也注言教此二字依明皇注加正義云此依鄭注也非門到戶至而日見而語此二字依明皇注加正義云此依鄭注也釋文有語之二字之也文選庾亮讓中書令表注又任昉齊景陵王行狀注但行孝於內流化於外也治要

疏曰鄭注以門到戶至解家至以日見而語解日見所以補明經義鄉飲酒義曰君子之所謂孝者非家至而日見之也漢書匡衡傳云教化之流非家至而人說之也與此經意同云但行孝於內流化於外也者邢疏云祭義所謂孝悌發諸朝廷行乎道路至乎閭巷是流於外又云祭義曰祀乎明堂所以教諸侯之孝也食三老五更於太學所以教諸侯之悌也此卽所謂發諸朝廷至乎州里是也

教以孝所以敬天下之爲人父者也注天子父事三老所以敬天下老也治要教以悌所以敬天下之爲人兄者也注天子兄事五更所以教天下悌也治要教以臣所以敬天下之爲人君者也注天子

郊則君事天廟則君事尸所以教天下臣 治要

疏曰鄭注云天子父事三老所以敬天下老也天子兄事五更所以教天下悌也者援神契曰天子親臨雍袒割尊事三老兄事五更三者道成於三五者訓於五品言其能善教已也三老五更皆取有妻男女完具者尊三老者父象也謁者奉几安車輭輪供綏執事五更寵以度接禮交容謙恭順貌王於養老燕之末命諸侯諸侯歸各帥於國大夫勤於朝州里騶於邑此孝經緯說事三老五更教孝悌之義也樂記食三老五更於大學天子袒而割牲執醬而饋執爵而酳冕而總干所以教諸侯之弟也文王世子曰遂設三老五更羣老之席位焉白虎通鄉射篇曰王者父事三老兄事五更者何欲陳孝弟之德以示天下也下引援神契文公羊桓四年傳解詁曰是以王者父事三老兄事五更食之於辟雍天子親袒割牲執醬而饋執爵而酳冕而總干率民之至意亦畧同鄭注文王世子云天子以三老五更父兄養之示天下以孝弟也又引援神契文爲教天下之事是鄭解孝經用援神契之證邢疏乃曰舊注用應劭漢官儀云天子無父父事三老兄事五更乃以事父事兄爲教孝悌之禮

案禮教敬自有明文假令天子事三老蓋同庶人倍年以長之敬本非教孝子之事今所不取也邢氏蓋泥於祭義教弟之文

以爲事三老亦是教弟無關教孝案祭義疏曰孝經雖天子必有父也注謂養老也父謂君老也此非廣至德章注然義正可相足臧氏云君老三老之謂此食三老而屬弟者以上文祀文王於明堂爲孝故以食三老五更爲弟文有所對也然則祭義之文不必泥邢氏所疑孔疏早已解之援神契白虎通皆曰尊三老者父象也白虎通又曰既以父事父一而已譙周五經然否論曰漢中興定禮儀羣臣欲令三老答拜城門校尉董鈞駁曰養三老所以教事父之道若答拜是使天下答子拜也詔從鈞議是古說皆謂父事三老以教孝非但同倍年以長之敬明皇注於鄭引古禮以解經者皆刊落之專以空言解經實爲宋明以來作僞邢疏依阿唐注排斥古義是其蔽也注云天子郊則君事天廟則君事尸所以教天下臣者御覽引中候運期篇曰帝堯刻璧率羣臣東沈於洛書曰天子臣放勳德薄施行不元鄭注元善也白虎通號篇亦引中候曰天子臣放勳曲禮云君前臣名據中候言堯告天稱臣稱名是天子君事天之證然則郊天之禮亦必自稱臣而君事天矣祭統曰君迎牲而不迎尸別嫌也尸在廟門外則疑於臣在廟中則全於君君在廟門外則疑於君入廟門則全於臣全於子是故不出者明君臣之義也鄭注不迎尸者欲全其尊也尸神象也鬼神之尊在廟中人君之尊出廟門則伸又云天子諸侯之祭朝事延尸於戶外是以有北面事尸之禮案天

子無臣人之事鄭引事天事尸解之㝡塙劉炫引禮運曰故先王患禮之不達於下也故祭帝於郊謂郊祭之禮册祝稱臣正本鄭義邢氏引祭義朝覲所以教諸侯之臣也以解注其說殊疏禮記疏引鉤命決曰暫所不臣者謂師也三老也五更也祭尸也大將軍也此五者天子諸侯同也鄭以三老五更祭尸並舉正用鉤命決之義曾子本孝任善不敢臣三德盧注謂王者之孝三德三老也白虎通曰不臣三老崇孝

**詩云愷悌君子民之父母**注以上三者教於天下真民之父母治要

**非至德其孰能順民如此其大者乎**注至德之君能行此三者教於天下也治要

疏曰鄭注云以此三者教於天下又云至德之君能行此三者教於天下也者承上教孝教悌教臣而言申明孝弟爲至德之義邢疏云按禮記表記稱子言之君子所謂仁者其難乎詩云愷悌君子民之父母愷以強教之悌以說安之使民有父之尊有母之親如此而後可以爲民父母矣非至德其孰能如此乎此章於孰能下加順民如此下加其大者與表記爲異其大意

不殊而皇侃以爲并結要道至德兩章或失經旨也劉炫以爲詩美民之父母證君之行教未證至德之大故於詩下別起歎辭所以異於餘章頗近之矣案鄭以三者爲至德則此文非并結兩章當如劉説不當如皇説

## 廣揚名章第十四

子曰君子之事親孝故忠可移於君〔注〕以孝事君則忠 明皇注正義云此依鄭注也

欲求忠臣出孝子之門故可移於君 治要

事兄悌故順可移於長〔注〕以敬事兄則順故可移於長也 治要

居家理故治可移於官〔注〕君子所居則化所在則治故可移於官也 治要

是以行成於內而名立於後世矣〔注〕修上三德於內名自傳於後世 明皇注正義云此依鄭注也世字明皇注作代避諱今改復

疏曰明皇此章注用鄭義邢疏曰此夫子廣述揚名之義言君子之事親能孝者故資孝爲忠可移孝行以事君也事父能悌

者故資悌爲順可移悌行以事長也居家能理者故資治爲政可移於績以施於官也是以君子居能以此善行成之於內則令名立於身沒之後也又解注曰三德則上章云移孝以事於君移悌以事於長移理以施於官也言此三德不失則其令名常自傳於後世經云立而注爲傳者立謂常有之名傳謂不絕之稱但能不絕卽是常有之行故以傳釋立也錫瑞案此章文義易解邢疏解經注亦明然其中有可疑者邢氏云先儒以爲居家理下闕一故字御注加之是唐以前古本無此故字矣而釋文云讀居家理故治絕句陸氏在明皇之前何以其所據本已有故字與邢氏說不合且鄭引士章以孝事君則忠以敬事長則順解此經文下云故可移於君故可移於長也則鄭君讀此經當以君子之事親孝故忠句可移於君句事兄悌故順句可移於長句下二句準此俗讀以孝字悌字理字絕句非是陸氏據鄭注本作釋文乃不於前四句發明句讀云當讀從忠字順字絕句而發之於後獨繫於居家理故治之下豈謂惟此句當從治字絕句上二句不當從忠字順字絕句乎疑此當如邢氏之說古本無此故字釋文亦本無之當作居家理治陸氏見此句少一故字與上二句文法有異恐人讀此有誤故特發明句讀鄭注云君子所居則化所在則治理治是一事不分兩項與上孝忠悌順當分兩項者不同中間本不必用故字古人文

法非必一律明皇見此句少一故字乃以意增足之與經旨鄭意皆不相符後人又因明皇之注於釋文讀居家理治絕句亦加一故字其齟齬不合之處尚可考見鄭意亦可推而得矣曾子立孝是故未有君而忠臣可知者孝子之謂也未有長而順下可知者弟弟之謂也未有治而能仕可知者先脩之謂也與此經相發明

## 諫爭章第十五

**曾子曰若夫慈愛恭敬安親揚名則聞命矣敢問子從父之令可謂孝乎子曰是何言與是何言與**（注）孔子欲見諫爭之端釋文

疏曰此章首數句義鄭注不傳邢疏云或曰慈者接下之別名愛者奉上之通稱劉炫引禮記內則說子事父母慈以旨甘喪服四制云高宗慈良於喪莊子曰事親則孝慈此並施於事上夫愛出於內慈為愛體敬生於心恭為敬貌此經悉陳事親之迹寧有接下之文夫子據心而為言所以唯稱愛敬曾參體貌而兼取所以并舉慈恭如劉炫此言則知慈是愛親也恭是敬親也安親則上章云故生則親安之揚名即上章云揚名於後世矣案此說甚諦可補鄭義鄭注云孔子欲見諫爭之端者鄭

意以孔子此言非斥曾子欲發子當諫爭之端耳

**昔者天子有爭臣七人雖無道不失其天下**釋文無其字云本或作不失其天下其衍字耳嚴可均曰按今世行本自開成石經以下皆有其字唯石臺本無葉德輝曰唐武后臣軌匡諫章引孝經曰天子有諍臣七人雖無道不失天下亦無其字又爭作諍據下引諍於父諍於君是鄭本作諍其無其字者即鄭注本也錫瑞案白虎通家語引經亦作諍

注**七人者謂太師太保太傅**嚴可均曰按後漢劉瑜傳注作謂三公約文也**左輔右弼前後疑丞維持王者使不危殆**治要

疏曰鄭注云七人者謂太師太保太傅左輔右弼前後疑丞維持王者使不危殆者邢疏云孔鄭二注及先儒所傳並引禮記文王世子以解七人之數按文王世子記曰虞夏商周有師保有疑丞設四輔及三公不必備惟其人又尚書大傳曰古者天子必有四鄰前曰疑後曰丞左曰輔右曰弼天子有問無以對責之疑可志而不志責之丞可正而不正責之輔可揚而不揚責之弼其爵視卿其祿視次國之君大傳四鄰則記之四輔兼三公以充七人之數案鄭以三公四輔爲七人古義如是白虎

通諫諍篇引此經天子有諍臣七人至則身不陷於不義云天子置左輔右弼前疑後丞左輔主修政刺不法右弼主糾害言失傾前疑主糾度定德經後丞主匡正常考變失四弼興道率主行仁夫陽變於七以三成故建三公序四諍列七人雖無道不失天下杖羣賢也與鄭注合王肅注家語云天子有三公四輔主諫諍以救其過失也亦同鄭義荀子臣道篇賈子保傅篇大戴保傅篇說苑臣術篇皆列四輔之文但有小異列子莊子皆有舜問乎丞之語丞卽四輔之一漢書霍光傳王嘉傳皆引此經

**諸侯有爭臣五人雖無道不失其國大夫有爭臣三人雖無道不失其家**（注）尊卑輔善未聞其官治要**士有爭友則身不離於令名**（注）令善也士卑無臣故以賢友助己治要**父有爭子則身不陷於不義**（注）父失則諫故免陷於不義明皇注正義云此依鄭注也

疏曰鄭注云尊卑輔善未聞其官者邢疏云諸侯五者孔傳指天子所命之孤及三卿與上大夫王肅指三卿內史外史以充

五人之數大夫三者孔傳指家相室老側室以充三人之數王肅無側室而謂邑宰斯竝以意解說恐非經義劉炫云案下文云子不可以不爭於父臣不可以不爭於君則爲子爲臣皆當諫爭豈獨大臣當爭小臣不爭乎豈獨長子當爭其父衆子不爭者乎若父有十子皆得諫爭王有百辟惟許七人是天子之佐乃少於匹夫也又案洛誥云成王謂周公曰誕保文武受民亂爲四輔冏命穆王命伯冏惟予一人無良實賴左右前後有位之士匡其不及據此而言則左右前後四輔之謂也疑丞輔弼當指於諸臣非是別立官也謹案周禮不列疑丞周官歷敘羣司顧命總名卿士左傳云龍師鳥紀曲禮云五官六太無言疑丞輔弼專掌諫爭者若使爵視於卿祿比次國周禮何以不載經傳何以無文且伏生大傳以四輔解爲四鄰孔注尚書以四鄰爲前後左右之臣而不爲疑丞輔弼安得又采其說也左傳稱昔周辛甲之爲太史也命百官官箴王闕師曠說匡諫之事史爲書瞽爲詩工誦箴諫大夫規誨士傳言官師相規工執藝事以諫此則凡在人臣皆合諫也夫子言天子有天下之廣七人則足以見諫爭功之大故舉少以言之也然父有爭子士有爭友雖無定數要一人爲率自下而上稍增二人則從上而下當如禮之降殺故舉七五三人也劉炫之讜義雖合通途何者傳載忠言比於藥石逆耳苦口隨要而施若指不備之員以

匡無道之主欲求不失其可得乎先儒所論今不取也錫瑞案鄭云未聞其官則孔王之說皆所不用蓋天子三公四輔明見經傳諸侯大夫無文可知鄭君不以意說足見矜慎若劉炫並不信四輔之說又不考經傳專據僞古文尚書僞孔傳之文苟異先儒大可嗤笑夫論人臣進言之義人人皆當諫爭而論人君設官之義諫爭必有專責後世廷臣皆可進諫又必專設諫官即是此意七人爲三公四輔舉其重者而言豈謂天子之朝惟此七人可以進諫其餘皆同立仗馬乎劉氏不知此義乃以人數多少屑屑計較謂不獨長子當爭其父父有十子是天子之佐少於匹夫又謂父有爭子雖無定數要一人爲卒前後矛盾甚不可通且如其言則不但先儒注解爲非即夫子所言已屬不當矣凡妄詆古注其弊必至疑經邢氏稱爲讜義殊爲無識注又云令善也士卑無臣故以賢友助已者鄭注儀禮喪服亦云士卑無臣又注周禮司裘云士不大射士無臣祭無所擇疏引孝經云天子諸侯大夫皆言爭臣士則言爭友是無臣也云義失則諫故免陷於不義者邢疏曰內則云父母有過下氣怡色柔聲以諫諫若不入起敬起孝說則復諫曲禮曰子之事親也三諫而不聽則號泣而隨之言父有非故須諫之以正道庶免陷於不義也案曾子本孝篇曰君子之孝也以正致諫又曰故孝子之於親也生則以義輔之立孝篇曰微諫不倦聽從

不怠懽欣忠信咎故不生可謂孝矣大孝篇曰君子之所謂孝者先意承志諭父母以道又曰父母有過諫而不逆事父母篇曰父母之行若中道則從若不中道則諫從而不諫非孝也諫而不從亦非孝也此曾子用孝經之義言爭子之道也白虎通三綱六紀篇引孝經曰父有爭子則身不陷於不義荀子子道篇魯哀公問於孔子曰子從父命孝乎臣從君命貞乎三問孔子不對孔子趨出以語子貢曰鄉者君問丘也曰子從父命孝乎臣從君命貞乎三問而丘不對賜以爲何如子貢曰子從父命孝矣臣從君命貞矣夫子有奚對焉孔子曰小人哉賜不識也昔萬乘之國有爭臣四人則封疆不削千乘之國有爭臣三人則社稷不危百乘之家有爭臣二人則宗廟不毀父有爭子不行無禮士有爭友不爲不義故子從父奚子孝臣從君奚臣貞審其所以從之之謂孝之謂貞也荀子所言與此經義同而文畧異家語三恕則竊取孝經也

故當不義則子不可以不爭於父臣不可以不爭於君（注）君父有不義臣子不諫諍則亡國破家之道也武后臣軌匡諫章引鄭元曰又引經作諍故當不義則爭之從父之令又焉得爲孝乎（注）委曲從父母善亦從善

惡亦從惡而心有隱豈得爲孝乎治要臣軌匡諫章引鄭元曰委曲從父母之令善只爲善惡只爲惡又焉得爲孝子也乎

疏曰鄭注云君父有不義臣子不諫諍則亡國破家之道也者孟子曰入則無法家拂士出則無敵國外患者國恒亡內則曰與其得罪於鄉黨州閭寧孰諫是不諫諍則亡國破家之道也云委曲從父母善亦從善惡亦從惡而心有隱豈得爲孝乎者檀弓事親有隱而無犯鄭注隱謂不稱揚其過失也無犯不犯顏而諫論語曰事父母幾諫疏曰據親有尋常之過故無犯若有大惡亦當犯顏故孝經曰父有爭子則身不陷於不義是也論語曰事父母幾諫是尋常之諫也孔疏分別甚晰則此注云有隱與檀弓所云有隱似同而實異也鄭注內則云子從父之令不可謂孝也正用此經義

## 感應章第十六

子曰昔者明王事父孝故事天明注盡孝於父則事天明治要事母孝故事地察注盡孝於母能事地察其高下視其分理也治要理作察依

釋文改長幼順故上下治注卑事於尊幼事於長故上下治治要天地
明察神明彰矣注事天能明事地能察德合天地可謂彰矣治要
疏曰鄭注云盡孝於父則事天明盡孝於母能事地察其高下
視其分理也者鄭君注庶人章因天之道分地之利曰順四時
以奉事天道分別五土視其高下此分地之利注三才章則天
之明因地之利曰視天四時無失其早晚也因地高下所宜何
等是鄭解孝經所云天地皆以時行物生山川高下爲言此注
云高下分理正與庶人三才兩章注義相合則其解事天明亦
必以四時爲訓今所傳注文不完也邢疏引易說卦云乾爲天
爲父是事父之道通於天坤爲地爲母是事母之道通於地又
引白虎通云王者父天母地說皆有據而與鄭君之義未合明
皇注以敬事宗廟爲說更非經旨經於下文乃言宗廟此事父
母當指生者而言不必是事死者也云卑事於尊幼事於長者
以經但言長幼順未言幼事長之義故以此文補明經旨經言
長幼者爲下言有兄也及孝悌之至兼言悌而言也云德合天
地可謂彰矣者易曰夫大人者與天地合其德中庸曰辟如天
地之無不持載無不覆幬此德合天地之義鄭言德合天地則
神明彰漢書郊祀志曰明王聖主事天明事地察天地明察神

明章矣天地以王者爲主故聖王制祭天地之禮必於國郊亦以神明彰承事天事地言之與鄭義合不必如明皇注云感至誠降福佑乃足爲彰也繁露堯舜不擅和湯武不專殺篇引孝經之語曰事父孝故事天明事天與父同禮也

**故雖天子必有尊也言有父也**注謂養老也禮記祭義正義雖貴爲天子必有所尊事之若父者三老是也治要禮記祭義正義北堂書鈔原本八十三養老**必有先也言有兄也**注必有所先事之若兄者五更是也治要

疏曰鄭注云雖貴爲天子必有所尊事之若父者三老是也必有所先事之若兄者五更是也者白虎通鄉射篇曰王者父事三老兄事五更者何欲陳孝弟之德以示天下也故雖天子必有尊也言有父也必有先也言有兄也是古說以此經爲父事三老兄事五更之義鄭君之所本也祭義曰至孝近乎王雖天子必有父至弟近乎霸雖諸侯必有兄鄭注天子有所父事諸侯有所兄事謂若三老五更也疏云天子諸侯俱有養老之禮皆事三老五更故文王世子注三老如賓五更如介但天子尊故以父事屬之諸侯卑故以兄事屬之案天子諸侯皆養老故皆有父事兄事之義禮記析而舉之此經專據天子言耳繁露

爲人者天篇引雖天子必有尊也教以孝也必有先也教以弟也

宗廟致敬不忘親也（注）設宗廟四時齊戒以祭之不忘其親治要修身慎行恐辱先也（注）修身者不敢毀傷慎行者不歷危殆常恐其辱先也治要宗廟致敬鬼神著矣（注）事生者易事死者難聖人慎之故重其文也治要

疏曰鄭注云設宗廟四時齊戒以祭之不忘其親者鄭君注卿大夫章云宗尊也廟貌也親雖亡沒事之若生爲作宗廟四時祭之若見鬼神之容貌又注紀孝行章云齊必變食居必遷坐敬忌踧踖若親存也皆與此注互相發明云修身者不敢毀傷慎行者不歷危殆常恐其辱先也者不敢毀傷見開宗明義章曲禮曰爲人子者不登高不臨深不苟訾不苟笑鄭注爲其近危辱也又曰孝子不服闇不登危懼辱親也祭義曰壹舉足而不敢忘父母是故道而不徑舟而不游不敢以先父母之遺體行殆又曰不辱其身不羞其親可謂孝矣此不歷危殆與常恐辱先之義也云事生者易事死者難聖人慎之故重其文也者

鄭意以爲上言宗廟致敬此復言宗廟致敬祇是一意乃必重其文者正以事生者易事死者難聖人慎之故不惜丁寧反復以申明之孟子曰養生者不足以當大事惟送死可以當大事此事死難於事生之證也邢疏云上言宗廟致敬謂天子尊諸父先諸兄致敬祖考不敢忘其親也此言宗廟致敬述天子致敬宗廟能感鬼神雖同稱致敬而各有所屬也舊注以爲事生者易事死者難聖人慎之故重其文今不取也邢所云舊注即鄭注其所以不取鄭義者由於解上文天子必有尊也四句不從鄭義以爲三老五更乃解爲尊諸父先諸兄即在宗廟之中上言宗廟致敬爲敬祖考之允此言宗廟致敬爲感鬼神之歆其說非也呂氏春秋孟秋紀注引孝經曰四時祭祀不忘親也高誘兼引下章春秋祭祀之義而約舉之又孝行覽注引修身慎行二句

孝悌之至通於神明光於治要作于各本同今依石臺本四海無所不通【注】孝至於天則風雨時孝至於地則萬物成孝至於人則重譯來貢故無所不通也治要詩云自西自東自南自北無思不服【注】義取孝道流

行莫不被義從化也嚴可均曰治要作孝道流行莫敢不服蓋有刪改今依明皇注正義云此依鄭注也明皇作莫不服今依釋文作莫不被

疏曰鄭注云孝至於天則風雨時孝至於地則萬物成者鄭君注孝治章災害不生曰風雨順時百穀成孰此云風雨時萬物成以爲孝至天下之應與孝治章注同鄭解此經天地多以四時百物言之此釋經之通於神明也云孝至於人則重譯來貢者鄭君注聖治章四海之內各以其職來助祭曰周公行孝於朝越裳重譯來貢此與聖治章注同意以釋經之光於四海也堯典光被四海傳曰光充也孔傳解光爲充原本古義光被今文尚書作橫被見漢書王襃王莽傳後漢書馮異張衡傳等處光橫古同聲通用皆是充廣之義祭義曰夫孝置之而塞乎天地溥之而橫乎四海經云通於神明鄭注解神明爲天地卽祭義之塞乎天地也經云光於四海卽祭義之橫乎四海也經云孝悌之至注專言孝舉其重者耳尚書大傳畧說曰天子重鄉養卜筮巫醫御於前祝咽祝哽以食乘車輲輪胥與就膳徹送至於家君如欲有問明日就其室以珍從而孝弟之義達於四海畧說言達四海承養老言之與鄭說合云義取孝道流行莫不被義從化也者鄭君箋詩云自由也武王於鎬京行辟雍之

禮自四方來觀者皆感化其德心無不歸服者疏曰既言辟雍
卽言四方皆服明由在辟雍行禮見其行禮感其德化故無不
歸服也辟雍之禮謂養老以教孝悌也案孔疏以詩言四方皆
服爲感辟雍養老教孝悌之德化甚得詩旨卽可得孝經與注
之旨鄭君又箋詩泮水云辟雍者築土雝水之外圓如璧四方
來觀者均也蓋惟四方來觀者均是以東西南北無不被義從
化御覽引新論曰王者作圓池如璧形實水其中以圜壅之故
曰辟雍言其上承天地以班政令流轉王道終而復始白虎通
辟雍篇曰辟者璧也象璧圓以法天也雍者壅之以水象教化
流行也皆與鄭合續漢志注引月令記曰水環四周言王者動
作法天地德廣及四海方此水也名曰辟雍班固東都賦曰辟
雍海流道德之富是辟雍水環四面兼取象於四海水流祭義
言夫孝置之而塞乎天地溥之而横乎四海卽繼之曰推而放
諸東海而準推而放諸西海而準推而放諸南海而準推而放
諸北海而準曾子大孝章文與祭義同下引詩云自西自東自
南自北無思不服此之謂也是東西南北可指東西南北四海
而言此經於通於神明光於四海之下亦卽引此詩以證然則
東西南北四方無不服亦可云東西南北四海無不服矣蔡邕
明堂月令論曰取其堂則曰明堂取其四門之學則曰太學取
其四面周水圓如璧則曰辟雍易傳太初篇曰太子旦入東學

晝入南學莫入西學當作晡入西學莫入北學在中央曰太學天子之所自學也禮記保傅篇曰帝入東學上親而貴仁入西學上賢而貴德入南學上齒而貴信入北學上貴而尊爵入太學承師而問道與易傳同魏文侯孝經傳曰太學者中學明堂之位也禮記古大明堂之禮曰膳夫是相禮曰日中出南闈見九侯門子日側出西闈視五國之事日闇出北闈視帝節猶爾雅曰宮中之門謂之闈王居明堂之禮又別陰陽門南門稱門西門稱闈故周官有門闈之學師氏教以三德守王門保氏教以六藝守王闈然則師氏居東門南門保氏居西門北門也知掌教國子與易傳保傅王居明堂之禮參相發明爲學四焉禮記曰祀乎明堂所以教諸侯之孝也孝經曰孝悌之至通於神明光於四海無所不通詩云自西自東自南自北無思不服言行孝者則曰明堂行悌者則曰太學故孝經合以爲一義而稱鎬京之詩以明之凡此皆明堂太室辟雍太學事通文合之義也案古說以明堂辟雍太學爲一見聖治章蔡氏引此經以明之與鄭君說少異鄭以辟雍太學爲一不以辟雍太學與明堂爲一漢立明堂辟雍靈臺分三處謂之三雍後漢紀注引漢官儀曰辟雍去明堂三百步鄭君以漢制說古制故疑不在一處然按之經義蔡說近是學記曰家有塾尚書大傳曰距冬至四十五日始出學傳農事上老平明坐於右塾庶老坐於左塾是古人教學在門

堂之塾明堂有四門又有四學四學即在四門之堂詩云東西南北可以四門四學解之即蔡氏所云東門西門南門北門與東學西學南學北學也辟雍四面有水取四方來觀者均然則辟雍即成均與惠棟明堂大道錄云明堂四門之外有四學總名曰辟雍文王有聲曰鎬京辟廱自西自東自南自北無思不服此西東南北即指四門惠氏引此詩以證明堂四門其說明通然未知四學在四門之塾而以爲四門之外義猶未塙聖治章言嚴父配天之義即引明堂配帝之文明堂以祀天爲最重故曰明堂取神明之義桓譚新論曰天稱明故命曰明堂此經言昔者明王事父孝故事天明其義亦可通於明堂以明堂與辟雍太學爲一

其說信可據矣

## 事君章第十七

子曰君子之事上也（注）上陳諫諍之義畢欲見釋文下闕進思盡忠（注）死君之難爲盡忠釋文文選曹子建三良詩注退思補過

疏曰鄭注不全其意蓋謂上章惟陳諫諍之義未及盡言事君之道故於此章見之也進思二句注亦不全邢疏曰按舊注韋

昭云退歸私室則思補其身過以禮記少儀曰朝廷曰退燕遊曰歸左傳引詩曰退食自公杜預注臣自公門而退入私門無不順禮室猶家也謂退朝理公事畢而還家之時則當思慮以補身之過故國語曰士朝而受業晝而講貫夕而習復夜而計過無憾而後即安言若有憾則不能安是思自補也按左傳晉荀林父爲楚所敗歸請死於晉侯晉侯許之士渥濁諫曰林父之事君也進思盡忠退思補過晉侯赦之使復其位是其義也文意正與此同故注依此傳文而釋之今云君有過則思補益出制旨也據邢疏則以補過屬君之過始於明皇之注案左傳疏曰孝經有此二句孔安國云進見於君則必竭其忠貞之節以圖國事直道正辭有犯無隱退還所職思其事宜獻可替否以補王過此孔意進謂見君退謂還私職也然則明皇之注本於孔傳亦非意造但偽傳則注之安鄭君注聖治章進退可度云難進而盡忠其抑而補過是鄭以補過爲補身過與舊注同云死君之難爲盡忠者公羊莊二十六年傳曷爲衆殺之不死于曹君者也何氏解詁曰曹諸大夫與君皆敵戎戰曹伯爲戎所殺諸大夫不伏節死義獨退求生後嗣子立而誅之春秋以爲得其罪故衆畧之不名是春秋之義臣當死君之難左氏傳曰君爲社稷死則死之其書殉君難者皆以死之爲文此死君難爲盡忠之義也白虎通諫諍篇引事君進思盡忠退思補過

史記管晏列傳亦引之

將順其美注善則稱君臣執公正章注引鄭元曰匡救其惡注過則稱己也臣執公正章注引鄭元曰故上下能相親也注君臣同心故能相親治要詩云心乎愛矣遐不謂矣中心臧之何日忘之嚴本作藏錫瑞案鄭君詩箋作臧字解其所據本當作臧今改正

疏曰鄭注云善則稱君過則稱己也者用坊記文云君臣同心故能相親親者白虎通諫諍篇曰所以為君隱惡何君至尊故設輔弼置諫官本不當有遺失論語曰陳司敗問昭公知禮乎孔子曰知禮此為君隱也故孝經曰將順其美匡救其惡故上下能相親也白虎通引此經為為君隱惡之證與鄭云過則稱己義合史記管晏列傳亦引之此經引詩鄭注不傳鄭箋隰桑詩云遐遠謂勤藏善也我心愛此君子君子雖遠在野豈能不勤思之乎宜思之也我心善此君子又誠不能忘也孔子曰愛之能勿勞乎忠焉能勿誨乎鄭訓藏為善是鄭所據本作臧鄭本孝經亦當作臧不作藏也鄭訓謂為勤本釋詁文詩摽有梅迨

其謂之箋亦訓爲勤勤與勞義近故引論語之文愛勞忠誨是一義古義以爲人臣盡忠納誠白虎通諫諍篇曰臣所以有諫君之義何盡忠納誠也論語曰愛之能勿勞乎忠焉能勿誨乎下引孝經諫爭章文蓋用魯詩之義鄭云上陳諫諍之義則此章本與諫爭章相通故引此詩以爲人臣愛君當諫之證鄭君詩箋與白虎通義可互相證明也

## 喪親章第十八

子曰孝子之喪親也注生事已畢死事未見故發此章明皇注正義云此依鄭注也俗本章字作事誤哭不偯注氣竭而息聲不委曲明皇注正義云此依鄭注也禮無容言不文注父母之喪不爲趨翔唯而不對也北堂書鈔原本九十三居喪陳本書鈔九十三引孝經鄭注云禮無容觸地無容言不文不爲文飾與明皇注同服美不安注去文繡衣衰服也釋文聞樂不樂注悲哀在心故不樂也明皇注正義云此依鄭注也食旨不甘注不嘗鹹酸而食粥釋文此哀感之情也

疏曰白虎通喪服篇曰生者哀痛之亦稱喪孝經曰孝子之喪親也是施生者也鄭注云生者事已畢死事未見者邢疏云生事謂上十七章說生事之禮已畢其死事經則未見故又發此章以言也云氣竭而息聲不委曲者邢疏云禮記閒傳曰斬衰之哭若往而不反齊衰之哭若往而反此注據斬衰而言之是氣竭而後止息又曰大功之哭三曲而偯鄭注云三曲一舉聲而三折也偯聲餘從容也是偯爲聲餘委曲也斬衰則不偯故云聲不委曲也阮福曰更有雜記童子哭不偯言童子不知禮節但知遂聲直哭不能知哭之當偯不當偯故云哭不偯正與此處經文哭不偯同又云曾申問於曾子曰哭父母有常聲乎曰中路嬰兒失其母焉何常聲之有鄭注言其若小兒亡母號啼安得常聲乎所謂哭不偯以此二證推之益可知孝子之哭親悲痛急切之時自是如童子嬰兒之哭不偯不作委曲之聲且可見曾子答曾申之言實受之孔子即孝經哭不偯之義也說文云悘痛聲也从心依聲孝經曰哭不悘此悘字之義與偯同云父母之喪不爲趨翔唯而不對者曲禮曰帷薄之外不趨鄭注不見尊者行自由不爲容也入則容行而張足曰趨又曰堂上不趨鄭注爲其迫也堂下則趨又曰執玉不趨鄭注志重玉也又曰室中不翔鄭注又爲其迫也行而張拱曰翔又曰父母有疾行不翔鄭注憂不爲容也然則行而張足之趨行而張拱

之朔皆所以爲容不爲容則不趨朔父母有疾行不朔父母之喪不趨朔更可知雜記下曰三年之喪言而不語對而不問間傳曰斬衰唯而不對喪服四制曰三年之喪君不言書云高宗諒闇三年不言此之謂也然而曰言不文者謂臣下也鄭注言不文者謂喪事辨不所當共也孝經說曰言不文者指士民也又曰禮斬衰之喪唯而不對鄭注此謂與賓客也唯而不對侑者爲之應耳云去文繡衣衰服者儀禮士喪既夕記乃卒主人啼兄弟哭鄭注於是始去冠而笄纚服深衣檀弓曰始死羔裘玄冠者易之疏曰知於是始去冠而笄纚服深衣者禮記問喪云親始死雞斯徒跣扱上衽注云雞斯當云笄纚上衽深衣之裳前是其親始死笄纚服深衣也引檀弓者證服深衣易去朝服之事也記又曰既殯主人說髦三日絞垂冠六升外縪纓條屬厭衰三升履外納鄭注成服日絞要經之散垂者是親始死以深衣易羔裘而去冠三日成服乃衣衰服也儀禮喪服曰喪服斬衰裳苴經杖絞帶冠繩纓菅屨鄭注檀弓云衰經之制以經表孝子忠實之心衰明孝子有哀摧之義白虎通喪服篇曰喪禮必制衰麻何以副意也服以飾情情貌相配中外相應故吉凶不同服歌哭不同聲所以表中誠也釋名釋喪制云三日不生生者成服曰衰衰摧也言傷摧也皆與鄭合云悲哀在心故不樂也者邢疏云言至痛中發悲哀在心雖聞樂聲不爲樂

也云不嘗鹹酸而食粥者儀禮喪服曰歠粥朝一溢米夕一溢米既虞食蔬食水飲既練始食菜果飯素食喪大記君之喪子大夫公子衆士皆三日不食子大夫公子食粥納財朝一溢米莫一溢米食之無算大夫之喪主人室老子姓皆食粥士亦如之既葬主人疏食水飲練而食菜果祥而食肉食粥於盛不盥食於篹者盥食菜以醯醬始食肉者先食乾肉始飲酒者先飲醴酒疏云始食肉者先食乾肉始飲酒者先飲醴酒文承既祥之下謂祥後也然閒傳曰父母之喪大祥有醯醬禫而飲醴酒二文不同文庾氏云蓋記者所聞之異大祥既鼓琴亦可食乾肉矣食菜用醯醬於情爲安且既祥食果則食醯醬無嫌矣熊氏云此據病而不能食者練而食醯醬祥而飲酒也據喪大記閒傳有練而食醯醬祥而食醯醬二說不同然歠粥時要不得用醯醬故曰不嘗鹹酸也禮記問喪曰痛疾在心故口不甘味身不安美也

**三日而食教民無以死傷生毀不滅性**（注）毀瘠羸瘦孝子有之文選宋貴妃誄注**此聖人之政也喪不過三年示民有終也**（注）三年之喪天下達也明皇注正義云此依鄭注也不肖者企而及之賢者俯而就之再期釋文

下闕嚴可均曰蓋引喪服小記再期之喪三年也錫瑞案鄭君不以再期爲三年嚴說未覈

疏曰邢疏曰禮記問喪云親始死傷腎乾肝焦肺水漿不入口三日又閒傳稱斬衰三日不食此云三日而食者何劉炫言三日之後乃食皆謂滿三日則食也鄭注云毀瘠羸瘦孝子有之者曲禮曰居喪之禮毀瘠不形鄭注爲其廢喪事形謂骨見疏云毀瘠不形者毀瘠羸瘦也形骨露也骨爲人形之主故謂骨爲形也居喪乃許羸瘦不許骨露見也又曰居喪之禮頭有創則沐身有瘍則浴有疾則飲酒食肉疾止復初不勝喪乃比於不慈不孝鄭注勝任也疏云不勝喪謂疾不食酒肉創瘍不沐浴毀而滅性者也不留身繼世是不慈也滅性又是違親生時之意故云不孝不云同而云比者此滅性本心實非爲不孝故言比也檀弓曰毀不危身爲無後也鄭注謂憔悴將滅性雜記曰毀而死君子謂之無子鄭注毀而死是不重親云三年之喪天下達禮不肖者企而及之賢者俯而就之者邢疏曰禮記三年問云夫三年之喪天下之達喪也鄭元云達謂自天子至於庶人注與彼同唯改喪爲禮耳喪服四制曰此喪之所以三年賢者不得過不肖者不得不及檀弓曰先王之制禮也過之者俯而就之不至焉者跂而及之注引彼二文欲舉中爲節也起踵曰企俛首曰俯案明皇注依鄭義邢疏解注亦明而云聖人

雖以三年爲文其實二十五月則與鄭義不合儀禮士虞禮曰
又朞而大祥中月而禫鄭注中猶閒也禫祭名也與大祥間一
月自喪至此凡二十七月鄭志答趙商云祥謂大祥二十五月
是月禫謂二十七月非謂上祥之月也檀弓疏云祥禫之月先
儒不同王肅以二十五月大祥其月爲禫二十六月作樂所以
然者以下云祥而縞是月禫徙月樂又與上文魯人朝祥而莫
歌孔子云踰月則其善是皆祥之後月作樂也又閒傳云三年
之喪二十五月而畢又士虞禮中月而禫是祥月之中也與尚
書文王中身享國謂身之中間同又文公二年冬公子遂如齊
納幣是僖公之喪至此二十六月左氏云納幣禮也故王肅以
二十五月禫除喪畢而鄭康成則二十五月大祥二十七月而
禫二十八月而作樂復平常鄭必以爲二十七月禫者以雜記
云父在爲母爲妻十三月大祥十五月禫爲母爲妻尚祥禫異
月豈容三年之喪乃祥禫同月若以父在爲母屈而不申故延
禫月其爲妻當亦不申祥禫異月乎若以中月而禫爲月之中
間應云月中而禫何以言中月乎喪服小記云妾祔於妾祖姑
亡則中一以上而祔又學記云中年考校皆以中爲間謂間隔
一年故以中月爲間隔一月也戴德喪服變除禮二十五月大
祥二十七月而禫故鄭依而用焉案據孔疏則二十五月畢喪
乃王肅說鄭君原本大戴以爲二十七月而禫其義最精鄭此

注不完當云再期大祥中月而禫邢疏用王肅義非也

爲之棺槨衣衾而舉之（注）周尸爲棺周棺爲槨明皇注正義云衾此依鄭注也謂單嚴可均曰當有被字可以亢尸而起也釋文

陳其簠簋而哀慼之（注）簠簋祭器受一斗二升方曰簠圓曰簋盛黍稷稻粱器陳奠素器而不見親故哀之也陳本北堂書鈔八十九引孝經鄭注嚴氏據書鈔原本殘闕有內圓外方曰簋六字嚴可均曰按當有外圓內方曰簠六字闕儀禮少牢饋食疏各引半句今合輯之又考工記旊人疏引內圓外方者按鄭注地官舍人云方曰簠圓曰簋就內言之未盡其詞唯儀禮聘禮釋文外圓內方曰簠內圓外方曰簋形制具備錫瑞案嚴氏過信書鈔原本原本有誤說見疏中陳本與原本異者多與明皇注同邢疏不云依鄭注則陳本亦難信此條與鄭義合勝原本故據之御覽七百五十九器物日本引孝經曰陳其簠簋鄭元曰方曰簠圓曰簋與陳本書鈔所引合葉德輝曰舍人注疏云方曰簠圓曰簋皆據外而言按孝經注云內圓外方受斗二升者直據簠而言若簋則內方外圓據此則賈疏所據本似云內圓外方曰簠而簋不釋故疏引申之賈雖不云

鄭注玩其詞意似引
鄭證鄭葉說是也
疏曰鄭注云周尸爲棺周棺爲椁者邢疏曰檀弓稱葬也者藏
也藏也者欲人之弗得見也是故衣足以飾身棺周於衣椁周
於棺土周於椁注約彼文故言周尸爲棺周棺爲椁也案士喪
禮曰棺入主人不哭升棺用軸蓋在下又曰主人奉尸斂於棺
踊如初乃蓋鄭注棺在肂中斂尸焉所謂殯也又曰既井椁主
人西面拜工左還椁反位哭不踊婦人哭於堂鄭注匠人爲椁
刊治其材以井構於殯門外也檀弓曰殷人棺椁鄭注椁大也
以木爲之言椁大於棺也殷人尚梓喪大記曰君松椁大夫柏
椁士雜木椁鄭注椁謂周棺者也白虎通喪服篇曰所以有棺
椁何所以掩藏形惡也不欲令孝子見其毀壞也棺之爲言完
所以藏尸令完全也椁之爲言廓所以開廓辟土令無迫棺也
云衾謂單被可以亢尸而起也者士喪禮陳小斂衣曰厥明陳
衣于房南領西上綪絞橫三縮一廣終幅析其末緇衾赬裏無
紞鄭注紞被識也斂衣或倒被無別於前後可也凡衾制同皆
五幅也疏云凡衾制同皆五幅也者此無正文喪大記云紟五
幅無紞衾是紟之類故知亦五幅也又陳大斂衣曰厥明滅燎陳
衣于房南領西上綪絞紟衾二君襚祭服散衣庶襚凡三十稱
紟不在算不必盡用鄭注紟單被也衾二者始死斂衾今又復

制也小斂衣數自天子達大斂則異矣喪大記曰大斂布絞縮
者三橫者五疏云紟不在筭者案喪大記紟五幅無紞鄭云今
之單被也以其不成稱故不在數內云衾二者始死斂衾今又
復制者此大斂之衾二始死幠用斂衾以小斂之衾當陳之故
用大斂衾小斂已後用夷衾覆尸故知更制一衾乃得二也云
小斂衣數自天子達者案喪大記君大夫小斂已下同云十九
稱則天子亦十九稱注云十九稱法天地之終數也云大斂則
異矣者案此文士喪大斂三十稱喪大記士三十稱大夫五十
稱君百稱不依命數是亦喪數畧則上下之大夫及五等諸侯
各同一節則天子宜百二十稱此鄭雖不言襲之衣數案雜記
注云士襲三稱大夫五稱公九稱諸侯七稱天子十二稱與以
其無文推約爲義故云與以疑之喪服大記曰大斂布絞縮者
三橫者五布紟二衾君大夫士一也君陳衣于庭百稱北領西
上大夫陳衣于序東五十稱西領南上士陳衣于序東三十稱
西領南上絞紟如朝服絞一幅爲三不辟紟五幅無紞鄭注二
衾者或覆之或薦之如朝服者謂布精麤朝服十五升小斂之
絞也廣終幅析其末以爲堅之强也大斂之絞一幅三析用之
以爲堅之急也紞以組類爲之綴之領側若今被識矣生時禪
被有識死者去之異於生也士喪禮大斂亦陳衣於房中南領
西上與大夫異今此文同蓋亦天子之士疏云布紟者皇氏云

紟禪被也取置絞束之下擬用以舉尸也孝經云衣衾而舉之
是也今案經云紟在絞後紟或當在絞上以絞束之且君衣百
稱又通小斂與襲之衣非單紟所能舉也又孝經云衾不云紟
皇氏之說未善也案鄭君解衣衾之制詳於儀禮禮記之注此
注以衾爲單被可以亢尸而起者與注禮云紟今之單被正同
是鄭君以此經所云衾即禮所云紟賈疏云衾是紟之類是也
皇氏云紟單被正用鄭義引孝經爲證與鄭注正合孔疏乃以
孝經云衾不云紟爲疑且疑君衣百稱非單紟所能舉殊失之
泥云簠簋祭器受一斗二升者周禮舍人凡祭祀共簠簋鄭注
方曰簠圓曰簋盛黍稷稻粱器疏曰方曰簠圓曰簋皆據外而
言案孝經云陳其簠簋注云內圓外方受斗二升者直據簠而
言若簋則內方外圓知皆受斗二升者旊人云爲簋實一觳豆
實三而成觳豆四升三豆則斗二升可知但外神用瓦簋宗廟
當用木故易損卦云二簋可用享損卦以離巽爲之離爲日日
圓巽爲木木器圓簋象是用木明矣云盛黍稷稻粱器者公食
大夫簠盛稻粱簋盛黍稷故鄭總云黍稷稻粱器也又旊人爲
簋實一觳崇尺厚半寸脣寸豆實三而成觳崇尺鄭注崇高也
豆實四升疏曰注云豆實四升者晏子辭按易損卦彖云二簋
可用享四以簋進黍稷於神也初與二直其四與五承上故用
二簋四巽爻也巽爲木五離爻也離爲日日體圜木器而圜簋

象也是以知以木爲之宗廟用之若祭天地外神等則用瓦簋若然簋法圜舍人注云方曰簠圓曰簋注與此合孝經云陳其簠簋注云內圜外方者彼據簠而言之按賈氏兩處之疏解鄭義甚明云方曰簠圓曰簋據外而言是鄭義以爲外方內圜曰簠外圜內方曰簋矣引孝經注云內圓外方據簠而言若簋則內方外圓又引易注以證簋爲圓象其義尤明聘禮夫人使下大夫勞以二竹簋方者器名也以竹爲之狀如簋而方如今寒具筥筥者圜此方耳疏曰凡簋皆用木而圓受斗二升此則用竹而方故云如簋而方受斗二升則同筥圓此方者方圓不同爲異也案此注疏甚晰鄭意以簋本圓而此獨方故別白之曰狀如簋而方正與筥者圜此方同意賈疏亦得鄭意乃釋文從誤本作簠不從或本作簋所引外圓內方曰簠內圓外方曰簋不知誰氏之說與鄭義正相反阮氏校勘記辨釋文之誤最塙原本北堂書鈔所引與釋文同誤鄭義並不若是嚴氏知與鄭舍人注不合强云就內言之不知賈疏明云皆據外而言凡器雖有外內方圓之不同總當以見於外而一望可知者爲定嚴說非是詩權輿釋文云內圓外方曰簠內方外圓曰簋不誤聶崇義三禮圖舊圖云內方外圓曰簋外方內圓曰簠舊圖與權輿釋文合亦用鄭義許氏說文曰簋黍稷方器也簠黍稷圜器也與鄭不同云陳簋簠而不見親故哀之也者

邢疏云檀弓云奠以素器以生者有哀素之心也又案陳鱣篡
在衣衾之下哀以送之上舊說以爲大斂祭是不見親故哀慼
也舊說以爲大斂祭與鄭說以衾爲大斂之紟合白虎通宗廟
篇曰祭所以有尸者何仰視榱桷俯視几筵其器存其人亡虛
無寂寞思慕哀傷無可寫泄故座尸而食之大斂
尚未立尸然亦可借證陳奠素器哀不見親之意

擗踊哭泣哀以送之注啼號竭盡也釋文卜其宅兆而安厝之注宅
葬地兆吉兆也葬事大故卜之愼之至也北堂書鈔原本九十二葬嚴可均曰按周禮小
宗伯疏引此注兆以爲龜兆釋之是賈公彥申說非原文也爲之
陳本作宅墓穴也兆塋域也葬事大故卜之與明皇注同
宗廟以鬼享之正義引舊解云宗尊也廟貌也言祭宗廟見先祖之尊貌也嚴可均曰蓋亦鄭注已載卿大夫章但
彼稍詳耳孔傳亦云宗尊也廟貌也
兩文相同未便指名故稱爲舊解也春秋祭祀以時思之注四時
變易物有成孰將欲食之故薦先祖念之若生不忘親也北堂書鈔原本
八十八祭祀總御覽五百二十五陳本云寒暑變
移益用增感以時祭祀展其孝思也與明皇注同

疏曰鄭注云啼號竭盡也者禮記問喪曰動尸舉柩哭踊無數惻怛之心痛疾之意悲哀志懣氣盛故袒而踊之所以動體安心下氣也婦人不宜袒故發胷擊心爵踊殷殷田田如壞牆然悲哀痛疾之至也故曰辟踊哭泣哀以送之送形而往迎精而反也鄭注故袒而踊之言聖人制法故使之然也爵踊足不絶地辟拊心也哀以送之謂葬時也迎其精神而反謂反哭及日中而虞也又曰其往送也望望然汲汲然如有追而弗及也其反哭也皇皇然若有求而弗得也故其往送也如慕其反也如疑求而無所得之也入門而弗見也上堂又弗見也入室又弗見也亡矣喪矣不可復見已矣故哭泣辟踊盡哀而止矣鄭注說反哭之義也據問喪明引此經則辟踊哭泣專屬送葬鄭云啼號竭盡亦當屬送葬言既夕禮乃代哭如初鄭注棺椁有時將去不忍絶聲也不絶聲卽啼號竭盡之義既夕禮曰主人袒乃行踊無筭鄭注乃行謂柩車行也又曰乃窆主人哭踊無筭哀莫哀於送死故經云辟踊哭泣屬送葬言舉其重者也云宅葬地兆吉兆也者周禮小宗伯卜葬兆甫竁亦如之鄭注兆墓塋域甫始也疏曰孝經云卜其宅兆注兆以爲龜兆解之此兆爲墓塋兆者彼此義得兩合相兼乃具故注各據一邊而言也士喪禮曰筮宅冢人營之掘四隅外其壤掘中南其壤既朝哭主人皆往兆南北面免絰鄭注宅葬居也兆域也所營之處又

曰命筮者在主人之右筮者東面抽上韇兼執之南面受命命曰哀子某爲其父某甫筮宅度茲幽宅兆基無有後艱鄭注宅居也度謀也茲此也基始也言爲其父筮葬居今謀此以爲幽冥居兆域之始得無後將有艱難乎艱難謂有非常若崩壞也孝經曰卜其宅兆而安厝之疏曰引孝經卜其宅兆者證宅爲葬居又見上大夫以上卜而不筮故雜記云大夫卜宅與葬日下文云如筮則史練冠鄭注云謂下大夫若士也則卜者謂上大夫上大夫卜則天子諸侯亦卜可知也但此注兆爲域彼注兆爲吉兆不同者以其周禮大卜掌三兆有玉兆瓦兆原兆孝經注亦云兆塋域此文主人皆往兆南北面兆爲塋域之處義得兩全故鄭注兩解俱得合義阮氏按勘記孝經注亦云兆塋域陳閎俱脫孝字注字按陳閎固誤然上文云此注兆爲域彼注兆爲吉兆彼注者謂孝經注也豈鄭解孝經兆字有二說歟唐御注孝經曰兆塋域也邢疏以爲依孔傳則似非鄭義錫瑞案按勘記之說是也賈疏明引鄭注兆爲吉兆周禮疏又謂孝經鄭注以龜兆解之賈公彥以爲義得兩全謂鄭注孝經與注周禮儀禮不同皆可通也然則賈疏所引孝經注兆塋域必非鄭義嚴氏以爲賈公彥申說非原文蓋失攷儀禮疏故不知鄭君解經兩說本可通也云葬事大故卜之慎之至也者雜記大夫卜宅與葬日疏云宅謂葬地大夫尊故得卜宅并葬日然則

此經言卜蓋據大夫以上言之此命龜之辭當與士筮無有後艱相同皆慎重之意也爲之宗廟以鬼享之那疏引舊解云宗尊也廟貌也言祭宗廟見先祖之尊貌也不云鄭注鄭君於卿大夫章已有此文此章之注不傳疑鄭君解此章與卿大夫章不同案問喪曰祭之宗廟以鬼饗之徼幸復反也鄭注說虞之義疏曰祭之宗廟以鬼饗之者謂虞祭於殯宮神之所在故稱宗廟以鬼享之尊而禮之冀其魂神復反也問喪明引此經鄭君以爲說虞之義孔疏以殯宮解宗廟是古義解此文屬新喪虞祭言鄭注禮以爲虞祭注此經亦當專屬虞祭非若卿大夫章之泛言也云四時變易物有成孰將欲食之故薦先祖念之若生不忘親也者王制大夫士宗廟之祭有田則祭無田則薦庶人春薦韭夏薦麥秋薦黍冬薦稻韭以卵麥以魚黍以豚稻以鴈鄭注有田者既祭又薦新祭以首時薦以仲月士薦牲用特豚大夫以上用羔所謂羔豚而祭百官皆足庶人無常牲取與新物相宜而已疏曰知有田既祭又薦新者以月令天子祭廟又有薦新故月令四月以彘嘗麥先薦寢廟又士喪禮有薦新如朔奠謂有地之士大斂小斂以特牲而云薦新故知既祭又薦新也云祭以首時薦以仲月者晏子春秋云天子以下至士皆祭以首時故禮記明堂位云季夏六月以禘禮祀周公於大廟周六月是夏四月也又雜記云七月而禘獻子爲之也譏

其用七月明當用六月是也魯以孟月爲祭魯王禮也則天子亦然大夫士無文從可知也其周禮四仲祭者因田獵而獻禽非正祭也服虔注桓公五年傳云魯祭天以孟月祭宗廟以仲月非鄭義也此薦以仲月謂大夫士也既以首時祭故薦用仲月若天子諸侯禮尊物孰則薦之不限孟仲季故月令孟夏薦麥孟秋薦黍季秋薦稻是也大夫既薦以仲月而服虔注昭元年傳祭人君用孟月人臣用仲月不同者非鄭義也南師解云祭以首時者謂大夫士也若得祭天者祭天以孟月祭宗廟以仲月其禘祭祫祭時祭亦用孟月其餘諸侯不得祭天者大祭及時祭皆用孟月旣無明據未知孰是義得兩通故並存焉案南師解宗服義與鄭義不同左氏桓八年正月已卯烝杜注此夏之仲月非爲過時而書者爲下五月復烝見瀆也則杜與服説合而桓五年傳云始殺而嘗閉蟄而烝疏引服注始殺謂孟秋杜注建亥之月昆蟲閉戸萬物皆成則服注亦以烝嘗皆在夏時孟月公羊何氏解詁亦曰屬十二月已烝今復烝也周十二月夏之孟月是以天子諸侯皆以孟月祭與鄭説同鄭此注云四時變易物有成孰故薦先祖似兼祭與薦而言故引此以補明鄭義繁露四祭篇云古者歲四祭四祭者因四時之所生孰而祭其先祖父母也故春曰祠夏曰礿秋曰嘗冬曰烝祠者以正月始食韭也礿者以四月食麥也嘗者以七月嘗黍稷也

烝者以十月進初稻也此天之經也地之義也祭義篇云春上豆實夏上尊實秋上杌實冬上敦實豆實韭也春之所始生也尊實麷也夏之所受長也杌實黍也秋之所先成也敦實稻也冬之所畢孰也公羊何氏解詁曰祠猶食也猶繼嗣也春物始生孝子思親繼嗣而食之也夏曰礿麥魚始孰可汋故曰禴嘗者先辭也秋穀成者非一黍先孰可得薦故曰嘗也烝衆也冬萬物畢成所薦衆多芬芳備具故曰烝白虎通宗廟篇曰宗廟所以歲四祭何春曰祠者物微故祠名之夏曰禴者麥孰進之秋曰嘗者新穀孰嘗之冬曰烝者烝之爲言衆也冬之物成者衆文選東京賦曰於是春秋改節四時迭代蒸蒸之心感物增思薛注感物謂感四時之物卽春韭卵夏麥魚秋黍豚冬稻雁孝子感此新物則思祭先祖也此皆鄭云念之若生不忘親之義亦可見天子至於庶人皆有春秋四時之祭也

生事愛敬死事哀慼生民之本盡矣死事之義備矣孝子之事親終矣〔注〕無遺纖嚴可均曰當有毫慽二字也尋繹天經地義究竟人情也行畢

孝成釋文

疏曰鄭注云尋繹天經地義究竟人情也行畢孝成者承上三才章云天之經也地之義也民之行也而總結之行畢即民之行畢也愛敬依鄭義當以愛分屬母敬分屬父風俗通汝南夏甫下引生事愛敬二句後漢書陳忠傳云臣聞之孝經始於事親終於哀戚上自天子下至庶人尊卑貴賤其義一也